码上学技术·蔬菜生产系列

葱蒜类蔬菜
生产关键技术一本通

高丁石 等 主编

中国农业出版社
北 京

图书在版编目（CIP）数据

葱蒜类蔬菜生产关键技术一本通／高丁石等主编
.—北京：中国农业出版社，2021.10
（码上学技术.蔬菜生产系列）
ISBN 978-7-109-28600-9

Ⅰ.①葱…　Ⅱ.①高…　Ⅲ.①鳞茎类蔬菜－蔬菜园艺
Ⅳ.①S633

中国版本图书馆 CIP 数据核字（2021）第 150241 号

葱蒜类蔬菜生产关键技术一本通
CONGSUANLEI SHUCAI SHENGCHAN GUANJIAN JISHU YIBENTONG

中国农业出版社出版
地址：北京市朝阳区麦子店街 18 号楼
邮编：100125
责任编辑：郭银巧　王琦瑢　　文字编辑：李　莉
版式设计：杜　然　　责任校对：吴丽婷
印刷：中农印务有限公司
版次：2021 年 10 月第 1 版
印次：2021 年 10 月北京第 1 次印刷
发行：新华书店北京发行所
开本：880mm×1230mm　1/32
印张：5.25
字数：160 千字
定价：28.00 元

编 委 会

前 言

Foreword

葱蒜类蔬菜在植物分类学上属于百合科葱属，多为二年生或多年生草本植物。它们起源于亚洲山区，由于这些地区气候条件变化较大，加之长期自然选择和人工选择，使它们具备了比较广泛的适应性，所以，这类蔬菜分布范围广泛，加上有保健功效，已成为人们日常生活中深受欢迎的香辛类蔬菜。

葱蒜类蔬菜（除韭菜外）贮藏食用期长，可以四季供应。这类蔬菜食用部分都含有糖类、蛋白质、矿物质和维生素，尤以抗坏血酸和磷的含量最多，是营养丰富的蔬菜。另外，在这类蔬菜的鳞茎和叶下表皮及其他组织中，还含有挥发性的硫化丙烯物质，俗称蒜素，具有特殊的香味，有增进食欲和杀菌防病的功能，在医学上早已利用其提取制剂来预防和治疗多种疾病，特别是大蒜能抗菌消炎，预防心血管等疾病。韭菜有壮阳草的美称，也是起源于我国较古老的3种蔬菜之一。所以，这类蔬菜不但是人们喜爱的佐食，也是医药、食品、饮料生产、化妆品等领域的重要原料。随着人们生活水平的不断提高，对这类蔬菜需求量的不断增加，近年来，其种植面积逐渐扩大，产量水平也不断提高。一般情况下，种植这类蔬菜的经济效益较好，在某些地方已成为农民增收的重要途径之一，但个别年份也会有阶段性过剩现象，造成不必要的波动性浪费与损失，需不断完善市场预警机制、科学安排种植加以解决。

由于葱蒜类蔬菜含有植物杀菌素，可杀灭土壤中一些病菌，是其

1

他农作物的良好前茬和间套作搭配作物。但是，在某些新菜区，菜农对这类蔬菜高产栽培技术掌握的较少，生产水平较低，生产潜力还很大，广大菜农迫切希望依靠科技进步来提高生产水平，增加收入。为了适应新形势的需要，编者在 20 世纪末编写的《葱蒜类蔬菜高产技术》一书基础上，综合这类蔬菜的生长特性和发育规律以及新的栽培经验和高效种植模式，编写了此书，目的在于宣传普及葱蒜类蔬菜高产技术措施，为进一步提高葱蒜类蔬菜生产水平、帮助菜农增收尽些微薄之力。

本书的编写以基础知识和生产实践相结合为原则，较系统地简述了大葱、韭菜、大蒜、葱头的生长发育规律以及对环境条件的要求，并根据新的科研成果和栽培经验，介绍了优良品种特性、高产栽培技术、配方施肥技术、选留种技术、病虫害综合防治技术、收获贮藏技术以及高效间套轮作模式等。本书内容通俗易懂，实用性强，能对菜农和基层农技人员有所帮助，将是编者的最大心愿。

由于编者水平所限，书中不当之处，敬请读者批评指正。

编　者

2021 年 1 月

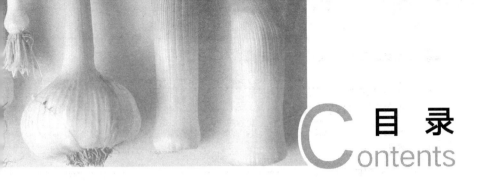

目 录
Contents

前言

一、大葱生产关键技术

大葱（学名：*Allium fistulosum* L. var. *giganteum* Makino）为葱种下一变种。大葱原产亚洲西部，在我国有悠久的栽培历史，全国各地均有栽培，尤以北方栽培极为普遍。在北方地区除冬季食用干葱外，春、夏、秋三季尚可生产青葱，产品可达到全年供应。

大葱有较高的营养与食疗价值，含有蛋白质、糖类、脂肪、碳水化合物、胡萝卜素，还含有苹果酸、磷酸糖、维生素 B_1、维生素 B_2、维生素 C、铁、钙、镁及挥发性成分。中医认为，葱性温味辛，具有散寒健胃、祛痰、杀菌、利肺通阳、发汗解表、通乳止血、定痛疗伤的功效，可用于痢疾、腹痛、关节炎、便秘等症。

（一）大葱的生物学特性

1. 根 大葱的根为弦线状须根系，白色，侧根少而短。根的数量、长度和粗度，随植株的发生总叶数的增加而不断增长。大葱发棵生长旺期，根数可达 50～100 条，长达 30～45 厘米。主要根群分布于地下 30 厘米的土层内，横展半径 15～30 厘米。不定根发生于茎节，随着茎盘的增大，不断发生新根。除定植后有部分死根外，一般在整个生育期中很少有死根、换根现象。

2. 茎 大葱的营养茎极度短缩，呈球状或扁球状，单生或簇生，粗 1～2 厘米，外皮白色膜质，不破裂。其上部各节着生一片叶，茎盘下部密生不定根。普通大葱的营养茎有顶端优势，因此，在营养生长期很少分蘖。当顶端生长点分化为花芽后，会逐渐发育成花茎。大葱花茎粗壮，中空不分枝，长 30～50 厘米。

3. 叶 葱叶由叶身和叶鞘两部分组成，叶身长圆锥形，在幼嫩时并不中空，随着叶身的生长，内部薄壁细胞组织逐渐消失，成为中空的管状叶，表面具蜡粉，为耐旱叶型。单个叶鞘为圆筒状，多层套生的叶鞘和其内部包裹的 4～6 个尚未出鞘的幼叶，构成棍棒状假茎。经过培土软化，可促进叶鞘基部分生带的延长生长，进而促进新叶叶鞘薄壁组织加厚。大葱的筒状叶鞘有贮藏养分、水分、保护分生组织和心叶的功能。葱叶为互生排列，一般品种有 5～8 片管状叶。

4. 花与种子 花着生于花茎顶端，一般在春夏季抽生花茎，开花前，正在发育的伞形花序藏于总苞内。营养器官充分生长的葱株，每个花序有 400～500 朵花，多者可达 800 朵以上。两性花，异花授粉。每朵花有花被 6 片，雄蕊 6 枚。雌蕊成熟时，花柱长 1 厘米。子房上位，有 3 室，每室 2 粒。种子千粒重为 3～5 克，每株产种子 1 克左右（300～500 粒）。

5. 生育周期与主要生产茬次 大葱生育周期的长短，因播期而异。一般春播需 15～16 个月，而秋播则可长达 21～22 个月，目前生产上推广应用的半成株繁种可把生育期缩短为 11 个月左右。根据生活需要，大葱可四季生产，达到周年供应之目的，在豫北地区主要茬次见表 1-1。

大葱不论什么时间播种，其整个生育期均可划分为营养生长期和生殖生长期 2 个阶段。根据其生长特点，又可分为以下几个时期：

（1）发芽期 从播种到第一片真叶长出为发芽期。此期应根据大葱的出土特点，保持土壤湿润，采取保苗措施。

（2）幼苗期 从第一片真叶长出到定植为幼苗期。此期一般春播约需 3 个月，秋播长达 8～9 个月，又可分为幼苗生长前期、幼苗休眠期和幼苗生长盛期。从第一片真叶长出到越冬前为幼苗生长前期，40～50 天，冬前苗不宜过大，以防引起翌年春先期抽薹。

由越冬到翌年春返青为休眠期。休眠期的长短因地区而异，此期秧苗处于休眠状态，要注意在地冻前灌足水，有条件的可铺粪土覆盖防寒，以保护幼苗安全越冬。由返青到定植为幼苗生长盛期，长达80～90 天，此期秧苗随气温升高生长迅速，是培育壮苗的关键时期，应注意及时浇水追肥，但定植前要适当控水。

表 1 - 1　豫北地区大葱不同生产茬次与生育周期

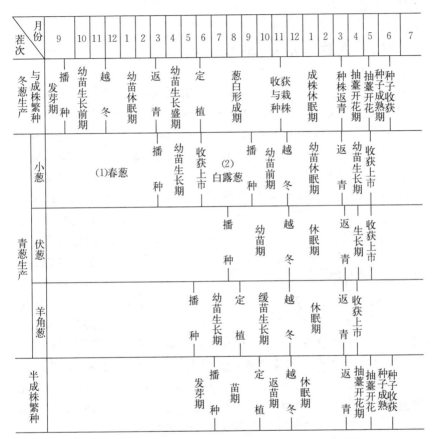

（3）葱白形成期　从定植到收获为葱白形成期。此期长达 4 个多月，初期植株幼小，气温较高，生长较为缓慢，入秋后气温适宜，昼夜温差加大，为葱白生长盛期，其后随着气温的降低，地上部生长逐渐停止，而植株内部养分迅速向假茎处转运。假茎的肥大，需要黑暗湿润的环境，所以此期管理要注意前期适当灌水，促进缓苗收棵，秋凉后加强肥水管理并适时培土。

（4）抽薹开花期　从花芽分化到开花为抽薹期。大葱在低温下完成春化，遇长日照后植株开始花芽分化、抽薹开花。此期除加强肥水管理外，还要注意品种隔离，防止混杂退化与种株倒伏。

（5）种子成熟期　从开花到种子成熟是大葱种子成熟期，此期要求天气晴朗，光照充足。

（二）大葱对环境条件的要求

1. 温度　大葱属耐寒而适应性广的蔬菜。在不同的生长阶段，它对温度的反应存在着一定的差异。一般情况下，种子在 4～5 ℃即可开始发芽，13～14 ℃发芽迅速，7～10 天即可萌发出土。在营养生长期喜凉爽的气候条件，植株生长适温为 20～25 ℃。低于 10 ℃生长缓慢，高于 25 ℃植株细弱，叶部发黄，容易引起病害。当温度超过35～40 ℃时，植株则呈半休眠状态，部分外叶枯萎；气温在 20～25 ℃时，每 3～4 天可长出 1 片新叶；当气温降到 15 ℃左右时，每7～14 天形成 1 片新叶。处于休眠状态的植株，耐寒性很强，在－40～－30 ℃的高寒地区也可露地越冬，但营养积累过少的幼小植株耐寒力显著降低。

一定大小的葱幼苗在 2～5 ℃低温下，一般经过 60～70 天可完成春化过程。在生产上，往往由于播种过早，越冬幼苗过大而引起翌春未熟抽薹，一般越冬秧苗以 3 片真叶、株高不超过 10 厘米左右为宜。

2. 水分　大葱耐旱力很强，但根系较弱，要获得高产，仍需较高的土壤湿度。尤其是幼苗期及假茎肥大期，适时适量地供给水分是创造高产的重要环节。但大葱喜干燥的气候，空气湿度过大，容易发生病害，一般适宜的空气相对湿度为 60%～70%。

3. 光照　大葱对光照强度要求不高，适于密植。夏季光照过强，且高温干旱，使叶面蒸腾作用加强，输导组织发达，造成纤维增多，叶身老化而降低食用价值。春秋两季气候凉爽日照充足，有利于叶部生长。光照过弱，可使光合强度下降，引起叶片黄化，影响养分的合成和积累，易造成减产。

4. 土壤营养　大葱适于在排水良好、土层深厚、肥沃的壤土中生长。壤土便于插葱、松土和培土，通气性良好，易获得高产。沙土地过于松散，保水保肥力差，不易培土软化。淤土地过于黏重不利于发根和葱白的生长。低洼的盐碱地易造成植株生长不良。大葱需中性偏酸土壤，pH 范围以 5.9～7.4 为适宜。生长时需较多的氮肥，生长后期还需要较多的磷钾肥。

（三）大葱优良品种介绍

葱类蔬菜包括普通大葱、分葱、胡葱和楼葱 4 种类型。分葱、楼葱也都是普通大葱的变种。在北方生产上目前普遍栽培的为普通大葱，以食用葱白为主。通常葱白在 30 厘米以上的为长葱白类型，葱白在 30 厘米以下的为短葱白类型。

1. **高粗型**　株高 100 厘米以上，假茎（葱白）长 40 厘米以上，假茎（葱白）横径为 2.5 厘米以上，假茎（葱白）指数（假茎长/假茎横径）为 15～20。管状叶压扁后宽度（叶扁宽）为 3 厘米以上，叶型指数（叶长/叶扁宽）为 20 左右，叶间距为 2 厘米左右。葱白含水量较高，粗纤维较少，香辛油/糖比值较低，味较甜，生、熟食均可。代表品种如章丘大葱、中华巨葱等。

（1）章丘大葱

品种特性　章丘大葱有高、长、脆、甜的突出特点。高：章丘大葱的植株高大魁伟，植株高 150～200 厘米，是当今国内外所有大葱品种的佼佼者，故有"葱王"之称。长：章丘大葱的葱白很长、很直，一般为 50～60 厘米，最长 80 厘米左右，备受人们喜爱。脆：章丘大葱质地脆嫩，味美无比。甜：章丘大葱的葱白，甘芳可口，很少辛辣，最宜生食，熟食也佳。章丘大葱属耐寒性蔬菜，在 −20 ℃左右都能生长，对土壤的适应性较强。但要获得优质高产，理想土壤应是富含有机质的黏性土壤。忌连作，常与小麦或非鲜茎类蔬菜轮作。

栽培技术要点

种植方式：育苗移栽。

播种期：9 月中下旬露地育苗。

播种量：苗床每亩*用种量为 2.5～3 千克；大田每亩用种量为

＊　亩为非法定计量单位，1 亩＝1/15 公顷。余同——编者注

5

0.5 千克左右。

定植期：翌年 5 月中旬至 6 月中下旬。

行株距：60～80 厘米×5 厘米，定植密度每亩 17 000～19 000 株。

收获期：10 月中下旬至 11 月中下旬。

（2）气煞风

品种特性　系章丘大葱的一个优良品系。植株粗壮，叶色浓绿，叶肉厚韧，耐病抗风，故名"气煞风"。一般株高 120 厘米，葱白长 50 厘米，径粗 4.5 厘米，单株重 400 克。系新一代杂交种，集章丘大葱两大品系之优点于一身，白长、质佳、丰产、抗病，现已成为章丘当地的农家品种，外地已有少量引种。

栽培技术要点　同章丘大葱。

（3）中华巨葱

品种特性　株型高大，高产地块一般株高 160～180 厘米，葱白长 80 厘米左右，径粗 5 厘米，高产地块单株鲜重 800～1 200 克，整齐度好，抗逆性强，抗病，抗寒，不倒叶，葱白实，适应性强，特别适于高寒地带，表现性能极为显著。

栽培要点　直播 3 月中旬至 4 月上旬，定植 6 月至 7 月上旬，收获 9～12 月，施足底肥，及时追肥，浇水，培土 3～4 次。行株距 60～75 厘米×4.5～5 厘米，定植密度每亩 18 000～20 000 株。

栽培技术要点　同章丘大葱。

（4）五叶齐大葱

品种特性　五叶齐大葱是河北省玉田县的地方传统品种，由该县科委进行了提纯工作。该品种植株高大，质地鲜嫩，高产稳产，适应性、抗逆性很强，前期抗热，后期耐寒，对霜霉病、紫斑病、灰霉病抗性较高。一般株高为 130～140 厘米，葱白长 60～70 厘米，径粗 4 厘米左右，一般亩产量 5 000 千克以上。

栽培技术要点

种植方式：育苗移栽。

播种期：秋播白露前后，春播春分前后。

播种量：苗床亩用种量为 2～2.5 千克，每亩苗床可移栽 10 亩；大田亩用种量为 0.25 千克。

定植期：6 月中下旬。

行株距：70 厘米×5～6 厘米，定植密度每亩 17 000～19 000 株。

田间管理：定植时施足底肥，以有机肥为主，配合磷钾肥，定植成活后中耕蹲苗，8 月以后开始培土，一般 2～3 次。并注意适时浇水和排涝，9 月以后进入生长旺季，注意追施氮肥，保持土壤湿润。

收获期：10 月中旬开始上市。

2. **高细型** 株高 100 厘米以上，假茎（葱白）长 40 厘米以上，假茎（葱白）横径为 2 厘米左右，假茎指数为 20 以上。管状叶压扁后宽度（叶扁宽）为 3 厘米以下，叶型指数为 22 以上，叶间距为 2 厘米左右。葱白含水量高，粗纤维少，香辛油/糖比值低，味甜，适合生食。代表品种如章丘大梧桐和三叶齐大葱等。

(1) 梧桐大葱

品种特性 植株高大，因其直立魁伟，似梧桐树状，故名"大梧桐"。一般株高 150 厘米，葱白长 60 厘米，径粗 2～4 厘米。单株重 500 克上下；丰产单株重可达 1 500 克，株高 200 厘米，葱白长 80 厘米，故而人们赞为"葱王""世界上最伟大的葱"。管状叶细长，色鲜绿，叶尖，叶肉较薄，叶鞘间距较稀，叶上冲或斜伸，葱白细长，直圆柱形，基部无明显膨大，组织充实，质地细嫩，纤维少，汁多，脆嫩甘美，品质优良。最宜生食，制馅、熟食也佳。适宜密植高产，但对紫斑病和风抗性较差。

栽培技术要点

种植方式：宽幅条播或育苗移栽。

播种期：9 月上旬露地育苗。

播种量：苗床亩用种量 2.5～3 千克，大田亩用种量 0.5 千克。

定植期：翌年 5 月中旬至 6 月上中旬。

行株距：70～80 厘米×6 厘米，定植密度每亩 14 000～15 000 株。

收获期：10 月中旬至 11 月上中旬。

(2) 三叶齐大葱

品种特性 辽宁省营口市蔬菜研究所选育。幼苗定植前，植株叶色深绿，叶型细长，株高 40 厘米左右，葱白长 20 厘米左右，叶数 3 片。成株期株高 140 厘米左右，最高可达 160 厘米，葱白长 60～70

厘米，最长可达 80 厘米左右，径粗 2～3 厘米，地下部假茎表面有一层明显的紫膜，叶数 3～4 片，叶型细长，开张度小，适宜密植，叶表面脂质厚，独棵不分蘖。对紫斑病有较高的抗性，对霜霉病和病毒病的感病率极低。该品种茎叶挺直，叶壁较厚，叶鞘包合紧，抗倒能力强，在盐碱地和黄土地种植仍可获得较高的产量，适应性和抗逆性较强。葱味好，辣味适中，质地细嫩，纤维少，适于生食和熟食，品质佳，同时具有"下刀散花"的特点。由于该品种植株高，葱白长，叶细而少，所以干葱率较高，一般可达 55％～65％，比一般大葱高10％～15％。耐贮性好，可贮藏一冬，直到翌年 5 月还具有较好的可食性。该品种对温度的适应范围较广，葱苗及抽薹前成株，均可随时收获上市，因此，生长期可长可短，可分期播种，周年上市。

栽培技术要点

种植方式：育苗移栽。

播种期：9 月中下旬至 10 月上中旬，也可于春分前后春播（用地膜覆盖效果好）。

播种量：苗床亩用种量 3 千克，大田秋育苗亩用种量 0.75 千克，春育苗 1 千克。

春定植期：秋育苗在 5 月中旬至 6 月上中旬，春育苗在 6 月下旬至 7 月上旬。

行株距：可采用大垄双行栽培，大行距 80～90 厘米，小行距 10厘米，株距 4.5～5 厘米，每亩定植密度 25 000～26 000 株。

田间管理：定植 20 厘米以下，培土高度 30 厘米以上，定植时施足底肥，以优质有机肥为主，亩用量 5 000 千克以上，亩增施磷钾肥20 千克以上，生育期间追氮肥 2 次，总量为每亩 30 千克以上标准肥。培土 2～3 次，土壤应保持湿润，干旱时应及时浇水。

收获期：10 月中下旬。

3. **矮粗型**　株高 100 厘米以下，假茎（葱白）长 40 厘米以下，假茎（葱白）横径为 2.5 厘米以上，假茎指数为 15 以下，管状叶压扁后宽度（叶扁宽）为 3 厘米以上，叶型指数（叶长/叶扁宽）为 17以下，叶间距为 1.5 厘米左右。葱白干物质含量高，粗纤维多，香辛油/糖比值高，味辣，适合熟食。代表品种如鸡腿大葱等。

(1) 901 鸡腿大葱

品种特性　901 鸡腿大葱是河北省隆尧县大葱研究所用隆尧鸡腿大葱和山东章丘大葱进行杂交选育成的鸡腿大葱新品种。该品种葱头大，茎部膨大，而上部渐细，形状似鸡腿。辣香浓郁，产量高，品质好。该类型辣味强，香味浓，宜熟食。大葱株高 80～100 厘米，葱白长 28～33 厘米，基部横径 6～8 厘米，葱白所占比重较高，一般占 55% 左右。亩产量为 4 000～5 000 千克。

栽培技术要点

种植方式：育苗移栽。

播种期：3 月中旬至 4 月上旬。

播种量：苗床每亩用种量 2.5～3 千克，大田每亩用种量 0.3 千克。

定植期：6 月上旬至 7 月上旬。葱秧长 30～40 厘米，茎粗 1～1.5 厘米时。

行株距：50～60 厘米×6 厘米，定植密度每亩约 20 000 株。

田间管理：定植沟深 30 厘米，宽 20 厘米，沟内要集中施肥，以有机肥为主，可配合过磷酸钙 50 千克，饼肥 50 千克，浅翻入沟底。定植后正值夏季，地上部生长缓慢，主要是促根系生长，要保持良好的土壤通透性，干燥时浇小水，大雨后注意排水以免烂根、黄叶和死苗。立秋后进入发叶盛期，进行第一次追肥浇水，以后每 15 天进行一次，结合追肥浇水及时进行培土。

收获期：10 月下旬至 11 月上旬。

(2) 铁杆大葱

品种特性　葱高 110 厘米左右，葱白 35～45 厘米，径粗 2～3 厘米，低温生长势好，亩产量为 5 000～9 000 千克。植株直立整齐，葱白硬、紧实度高，有光泽。商品性好，耐运输。葱叶浓绿，表面白蜡质多，叶片挺直向上，抗风，折叶少，低温黄叶少，叶鞘部紧实，生长快。耐热、抗寒性强，根系发达，春季抽薹晚，高抗大葱紫斑病、霜霉病、锈病及黄矮病。

栽培技术要点　适宜秋季、冬季或翌年春季收获。山东地区 3～5 月育苗，6 月中旬至 7 月初移栽，定植每亩密度约为 26 000 株，11 月、12 月、1 月均可收获。也可翌年 5 月以前出售芽葱。调整好茬口可周年种植。适合山东、河南、河北、山西、陕西、新疆、云南、四川等地种植。

（四）大葱一栽多收技术

大葱叶面积指数低，适合密植，栽培中又需要培土软化葱白，可以采取一次栽葱，分期收获，最后培土长成大葱的栽培方法。

整地施肥。结合深耕整地，亩施有机肥 4 000 千克，磷酸二铵 10 千克。

栽葱。将秋播育苗葱秧按大、中、小挑选，三垄为一组，垄距 30 厘米，第一垄栽小苗，株距 5 厘米；第二垄栽中苗，株距 7 厘米；第三垄栽大苗，株距 9 厘米，如此重复栽完。于 5 月中旬至 6 月上旬移栽。

肥水管理。栽完后浇水，待表土稍干时，进行松土，雨后要及时松土散墒，及时拔掉抽薹葱苗。缓苗后施尿素 15 千克，并培土起垄，灌水，降大雨后注意排水。进入 7 月上旬，可依据市场需求收各组第三垄，收完第三垄收第二垄，至立秋后只剩下第一垄，行距变为 90 厘米。立秋后，每亩顺垄撒尿素 25 千克，并进行培土，之后每 10 天培土 1 次，每次培完土需浇水。培土宜于早晨进行，高度以不压葱心为宜。病虫防治与收获见冬葱高产栽培技术。

（五）大葱全程机械化高产高效栽培技术

大葱是重要的特色蔬菜作物，兼具营养价值和药用价值，目前，我国大葱消费仍以长葱白为主，生产方式以露地栽培为主。传统的大葱种植包括育苗、移栽、除草培土、人工收刨等，劳动用工成本占总生产成本的 60% 以上，造成生产规模小，生产效益偏低。采用农艺与农机相结合，实现全程机械化栽培，可节约 10~15 倍的农业劳动力，可大规模提高生产效益，促进标准化生产，提高大葱质量安全，降低农药使用量，生产绿色大葱产品，提升生态效益和社会效益，实现农业可持续发展。

1. 育苗

（1）采用穴盘工厂化育苗 大葱集约化穴盘育苗技术是大葱标准化、全程机械化生产的关键技术，实现了苗匀、苗壮、不易倒伏，水肥管理、病虫害防控易于掌握。传统的土壤育苗，移栽1亩大田，需要150米^{2}的育苗床，而穴盘育苗仅需14米^2，综合育苗成本降低50％～60％。

（2）育苗床准备与育苗设施消毒 大葱穴盘育苗时，穴孔体积小、容纳基质较少，水肥流失严重且补充难度大，易导致幼苗长势弱。因此，要采用水肥一体化技术喷灌以便随时补充营养元素。如多年连作育苗会造成重茬病害多发，因此，播种前需要对棚室和穴盘下面土壤以及育苗盘进行灭菌处理。棚室消毒每亩可用45％百菌清烟剂，或20％霜脲·锰锌烟剂250～350克烟熏杀灭病原菌；用10％敌敌畏烟剂，或10％抗蚜威烟剂，或10％氰戊菊酯烟剂300～500克烟熏杀灭害虫。在棚室内设置5～6处烟熏点，于傍晚闭棚后均匀点燃，第2天早晨放风排烟。视情况每隔7～10天熏1次，连熏2～3次。

（3）选用适宜品种 大葱全程机械化高产高效栽培，需要适应性广、高抗病毒病、叶片上冲、适于机械化全程栽培的品种。如安阳市农业科学院选的大葱新品种安葱3号等品种，该品种是农艺与农机相结合的好品种，适宜于黄淮流域大面积规模化全程机械化高产高效益栽培。该品种商品性状好、生长势强、产量高，平均亩产可达5 000千克，最高达7 000千克，耐贮性好、干葱率85％，也是冬季食用干葱的最佳品种。

（4）种子丸粒化处理 大葱种子千粒重约为3克，机械播种前将填充剂、杀菌剂、杀虫剂、肥料等成分混合黏附于种子表面进行包衣处理。经过包衣丸粒化处理的种子出苗更加均匀一致，有助于提高苗期综合抗性，有效促进苗全、苗齐、苗匀、苗壮，有利于实现大葱全程机械化、集约化生产。

（5）播种 在豫北地区，一般在定植前60天进行大葱集约化穴盘育苗，采用机械精量播种，大葱育苗采用220孔吸塑穴盘，播种前应将基质拌湿后再装入穴盘（干基质装盘后播种基质不易均匀浇透水），每穴播 3 粒，覆盖基质厚度 0.5 厘米，将穴盘整齐摆放于大棚育苗床内，播种后要采用水肥一体化技术喷灌浇透水，可有效保障出苗整齐。

（6）苗期管理 大葱出苗后幼苗前期发育缓慢，叶片数量变化很小，需水肥量较少；中后期随幼苗生长发育进程加快，水肥需求量相应增加；后期若水肥不足则易出现叶片变黄（缺氮）、假茎显紫色（低温下缺磷）等问题。因此，生产中可将大葱育苗期划分为前、中、后期 3 个阶段，3 月中下旬播种，播后 5～7 天出苗，以苗龄 60 天计，则苗期水肥管理可大体按照前期播后 0～20 天、中期播后 20～35 天和后期播后 35～60 天 3 个阶段进行。

水分管理 穴盘育苗单穴基质量少，水肥保持能力差，因此宜采用水肥一体化喷淋系统小水勤浇。发芽期应保持穴盘基质湿润，以利于种子发芽；出苗后前期适当控水，基质相对含水量保持在 60% 为宜，基质表面见干见湿，以防幼苗徒长。中、后期可视情况适当增加基质含水量至 60%～70%，保持穴盘基质湿润，促秧苗快长，但不可一次性浇水过多。移栽前 3～5 天减少浇水量并延长育苗棚通风时间来炼苗，使基质相对含水量保持在 50% 左右，可避免定植时基质散坨造成幼苗倒伏而影响移栽质量。春夏季节根据水分蒸发情况每隔 2～3 天浇 1 次水，阴雨天气不浇水。

施肥管理 为促进幼苗生长，苗期补肥与浇水同步进行。出齐苗后根据长势情况追施 0.1%～0.2% 三元复合肥（N-P-K 为 20-20-20），前期一般 7～10 天补 1 次肥，中、后期随着葱苗生长量加大，可根据生长情况酌情增加施肥量，并追施钙、镁、锌等中、微量元素，每隔 5～7 天补 1 次肥。

温度和光照管理 大葱适宜生长温度为白天 20～25 ℃，夜间 10～15 ℃。春夏季可采用调控湿帘、前抽风机、内循环风机以及遮阳网等降温措施。大葱对光照要求适中，光补偿点为 1 200 勒克斯，光饱和点为 25 000 勒克斯，可参照照度计进行光照管理，初夏中午通过覆盖遮阳网进行遮光。

病虫害防治 大葱苗期病害主要有猝倒病、细菌性软腐病、疫病、霜霉病、黄条病毒病、灰霉病、根腐病等，偶发镰孢菌腐烂病，应结合病害发生规律和环境变化，采用化学药剂或生物方法提前预防，猝倒病、疫病、霜霉病发病初期喷洒90％三乙磷酸铝可湿性粉剂400～500倍液，或50％甲霜铜可湿性粉剂800～1 000倍液、64％杀毒矾可湿性粉剂500倍液，每隔7～10天1次，连续防治2～3次。灰霉病、根腐病发病初期喷洒15％三唑酮可湿性粉剂2 000～2 500倍液，每隔10天左右1次，连续防治2～3次。紫斑病发病初期喷洒75％百菌可湿性粉剂500～600倍液，或64％杀毒矾可湿性粉剂500倍液，每隔7～10天喷洒1次，连续防治3～4次，均有较好的效果。此外，喷洒2％多抗霉素可湿性粉剂3 000倍，防治细菌性软腐病。各农药品种的使用要严格遵守安全间隔期。

苗期虫害主要有蚜虫、蓟马、葱蝇、斑潜蝇、甜菜夜蛾等，物理防治：棚室放风口要采用100目防虫网，棚室内采用杀虫灯、黄板、蓝板等物理防治措施，或用糖∶醋∶酒∶水∶敌百虫晶体按3∶3∶1∶10∶0.5的比例配成溶液，装入直径20～30厘米的盆中，放到田间，每200米^{2}放一盆，随时添加溶液，保持不干，诱杀葱蝇等害虫。

必要时进行化学防治。药剂防治虫害：用4.5％高效氯氰菊酯、2.5％溴氰菊酯、1％甲维盐、42％阿维菌素·毒死蜱等药剂按说明书浓度防治葱蓟马、斑潜蝇等害虫。使用时可以7天换一次药品，效果最佳。

切叶管理 大葱机械化移栽壮苗规格标准应符合机械移栽要求：苗龄45～60天，秧苗健壮无病害，不倒伏，株高15厘米，假茎长10厘米左右，假茎粗0.3厘米左右，功能叶2～3片，叶色浓绿，根系发白，定植前用机械切叶，保留残叶2厘米左右。切叶是大葱全程机械化技术的一项重要措施。在葱苗有倒伏倾向前，采用TC-110D自动大葱剪叶机进行切叶处理，可有效防止葱苗倒伏，满足机械定植要求。切叶次数以1～2次为宜，不宜过频，否则易形成细弱苗。

2. **移栽** 前茬应为非葱蒜类蔬菜。整地施肥：移栽大田要深耕细耙，在中等肥力条件下，结合整地，每亩撒施优质腐熟有机肥5 000千克。定植前按机械移栽要求行距开沟，沟深30厘米，沟内再集中施用磷钾复合肥30千克，以含硫肥料为好，刨松沟底，肥土混合均匀。移栽期苗龄60天左右。移栽密度，行穴距为80厘米×5.3厘米，每穴2～3株。采用罗宾EH-2D型大葱移栽机移栽，定植行距80厘米，穴距5.3厘米，每亩定植15 000穴左右、葱苗3.0万～3.3万株。一天可作业十几亩地，大大提升移栽效率，使用机器移栽，行距、株距、直立度和深度的标准化程度高，苗全、苗齐、苗匀、苗壮，移栽前叶面喷施铜制剂等保护性药剂。

3. 移栽后田间管理

（1）水分管理 移栽缓苗后，天气逐渐进入炎热夏季，植株处于半休眠状态，一般不浇水，采用机械中耕保墒，清除杂草，雨后及时排出田间积水。8月中下旬，大葱开始旺盛生长，要保持土壤湿润，逐渐增加浇水次数和加大浇水量，收获前7～10天停止浇水。黏质土壤机械化收刨时要保持土壤湿润，不可过于干燥。

（2）施肥管理 追肥：以尿素、硫酸铵为主；结合浇水，分别于8月10日、9月10日追肥2次，每亩每次追施15千克。生长中后期还可用0.5%磷酸二氢钾溶液等叶面追肥2～3次。机械培土：为软化葱白，防止倒伏，要结合追肥浇水进行5次培土。将行间的潮湿土尽量培植到植株两侧，以不埋住心叶分权处为宜。

（3）重茬种植处理方法 大葱可以重茬种植，但重茬种植易发病，且长势和产量都会受到影响，一般种植要间隔1～2年换茬，最好与禾本科作物轮作，也可与甘蓝等十字花科蔬菜、芹菜根菜类、茄果类、豆类进行轮作。同时，增施腐熟的农家肥和磷钾肥，补充大葱生长所需的微量元素（如硫、锌、钙、镁、铁），促使大葱健壮生长，提高抗病能力。用杀菌剂对土壤进行杀菌处理，移栽前，沟施噻虫胺与虫螨腈悬浮剂或辛硫磷乳油农药灭杀地下害虫。连作重茬严重地块定植前可用恶霉灵、叶枯唑等药剂带穴盘蘸根，将整盘苗的穴盘部分放在药液里浸泡至基质湿润。

（六）大葱采种技术

优良品种是大葱高产的基础，大葱为两性花，易杂交退化，所以生产上要不断地提纯复壮，并注意选育新的优良品种。目前，葱种繁育有2种主要方法：一种是成株繁种法；一种是半成株繁种法。

1. **成株繁种法** 在大葱收获时，按品种特征在田间进行单株选择，挑选葱白长、生长充实、叶片着生紧密、管状叶直立向上、叶数5片叶以上、无分蘖、无病虫的植株作为种株。种株稍加晾晒，切去上半部，留葱白长20厘米左右，然后开沟栽植。若2个品种以上，应相隔1 000米以上距离。一般沟距45～65厘米、沟深25厘米左右，沟内施底肥，肥土混合均匀，再按10～15厘米的株距栽植，栽植深度以露葱心为宜，栽后上面覆盖马粪或盖土越冬。栽后7～8天，种株扎根后再浇水。春季注意中耕增温、除草、保墒，开始抽薹时，结合浇水追施人粪尿及磷肥，促进根叶生长。当花蕾膨大时，培土防倒伏。如种株的侧芽抽生花茎，应及时摘除，以免影响主花茎上种子的质量。开花结籽期需水较多，应经常保持土壤湿润，种子成熟时要减少浇水，促进种子成熟。待花球下部种子呈黑色时为采收期，由于植株间花球成熟时间有差异，应分期采收。采下的花球晾晒4～5天后即可脱粒，经过风选去掉秕籽，将种子放在干燥地方贮藏。一般冬栽每亩可收种子75～100千克。

2. **半成株繁种法** 由于成株繁种占用土地时间长，增加了初冬的成株收刨、冬贮和来春的成株定植程序，加大了成株繁种成本，造成大葱生产用种价格较高。近年来，采用隔离区成株繁原种、半成株繁育大葱生产用种的方法，取得了较显著的经济效益，占地时间短，繁种产量高。其技术如下：

（1）**适期育苗** 选择肥力条件较好且近年来没有种植过葱蒜类蔬菜的田块育苗。豫北地区适宜播种期在7月上中旬，每亩播量1.5千克左右。播前要精细整地，施足底肥，一般亩施腐熟有机肥5 000千克、磷肥50千克，有条件的还可施些钾肥，均匀撒施后浅耕细耙，整平作畦，一般畦宽1.2米。播种时，先浇足底水，然后均匀撒种覆土，覆土厚度为1.5厘米左右。墒情不足时注意浇水，保持土壤湿润。出苗后仍要做好浇水防旱工作，并及时拔草间苗或播后化学除草。如遇暴雨和多雨天气，应及时排水，防止水淹。在三叶期和旺盛生长期各追氮肥1次，每亩10～15千克标准氮肥，结合灌水施用。

（2）**定植** 定植时间以9月为宜，应选择1 000米距离内无其他大葱品种繁种地块。方法是：开沟定植，葱沟南北向为好，采用窄行浅沟定植，行距 50 厘米，沟深 15 厘米左右，沟内施足底肥并与土壤混合均匀。将葱苗按大小分别定植，采用排葱定植法，沿沟壁较陡的一侧按株距 2～3 厘米排摆葱苗，用锄从沟的另一侧倒土，埋至葱苗叶身基部。为利于缓苗，应做到边刨苗边栽边浇水。

（3）**搞好田间管理**　缓苗后要及时中耕，促使种株健壮生长。土壤封冻前，要浇透封冻水，以防冬旱，浇水后适当培土。春天土壤解冻后，要及时中耕封土，使葱沟变为葱垄，增强种株的抗倒伏能力。种株抽薹期，应控制浇水，以促使花薹粗壮生长，控水对提高种子产量也起重要作用。开花至种子成熟期，应结合追肥适时浇水，每亩追施尿素 10 千克，以利种子灌浆。同时，在生长期间还应注意及时防治病虫害。

（4）**收获**　当种株花球顶部的种室大部分破裂时，种子变硬，应及时采摘花球，采后的花球要及时晾晒，脱粒后晒干贮藏。

（七）大葱病虫害防治技术

大葱病虫害的防治，更需要及时有效。同时，大葱又是叶菜类蔬菜，多用于鲜食或炒食，因此，使用农药必须严格选用高效低毒低残留品种，严格控制使用药量，尤其是采收前两周，多数杀虫杀菌剂应停止使用。由于该蔬菜生育期较长，地下害虫较难防治，目前该蔬菜农药残留超标现象较严重，已成为优先解决的核心问题。

1. **侵染性病害**　大葱猝倒病、大葱立枯病、大葱紫斑病、大葱霜霉病、大葱灰霉病、大葱锈病、大葱黑斑病、大葱褐斑病、大葱小菌核病、大葱白腐病、大葱软腐病、大葱疫病、大葱白色疫病、大葱黄矮病、大葱叶枯病、大葱叶霉病、大葱叶腐病、大葱黑粉病、葱线虫病等。

（1）**大葱猝倒病**　大葱猝倒病是大葱育苗期重要病害之一，该病可危害多种菜苗，引起大量死苗，也可危害部分果菜类果实。

症状：猝倒病在出苗前往往造成烂种和烂芽，导致不能出苗。出苗后，在葱秧基部产生水渍状浅黄褐色病斑，似水烫状，暗褐色。继而绕茎一周使基部变细缢缩倒伏，在低温高湿条件下，该病发展迅速，造成大片死苗，病残体及附近地表上长出一层白色絮状物，即为病菌的菌丝体和孢子囊。

病原：由鞭毛菌亚门真菌的瓜果腐霉菌侵染引起。病菌菌丝体无色无隔，发达而多分枝，顶端分化为简单的孢囊梗，孢囊梗顶端着生有姜瓣状的孢子囊。孢子囊萌发时，顶端产生近圆球形孢囊，释放游动孢子。游动孢子肾形，具两根侧生鞭毛，后期在病残体内形成近球形厚壁黄色卵孢子。

发病规律：该病菌腐生能力很强，可以在土壤中长期存活，特别是有机质含量高的土壤中较多，病菌以卵孢子或菌丝体随病残体在土壤中越冬和渡过不良环境，翌年春遇合适条件，萌发产生孢子囊，并释放游动孢子，或直接产生芽管侵染。病菌借雨水和灌溉水传播，施用带菌有机肥或移栽等也可传播。侵入大葱后，可借助于主动或被动方式向外扩散蔓延，进行多次侵染。该病菌在 15～16 ℃繁殖较快，30 ℃以上生长繁殖受抑，低温不宜幼苗生长，但对病菌生长抑制较少。故影响该病发生程度的主要因素在于土壤温度、湿度、光照及苗床管理水平。由于病菌生长、萌发、繁殖和传播都要求较高的温度，且苗床湿度过大，通气性差，又会影响根系发育而造成幼苗抗性减弱，因此，在浇过大水或雨后该病易严重发生。播种过密、间苗不及时、苗床过于荫蔽、地下水位高、土壤黏重均会导致该病的流行。

防治方法：①无病土育苗或土壤苗床消毒。每平方米可用 64％恶霜·锰锌可湿粉 25 克加细干土 10～15 千克拌匀，下铺，上盖。②加强苗床管理。苗床选用地势高燥处，并施充分腐熟的有机肥；增温保温，控湿控水，发现病苗及时剔除。③化学防治。发现病苗及时喷施 58％瑞毒霉锰锌 500 倍液或 25％络氨铜水剂 800 倍液，每隔 5～7 天 1 次，连用 2～3 次。

（2）大葱立枯病 大葱立枯病是大葱苗期主要病害之一，常引起苗田大片枯死。该病菌寄生范围广，可危害 160 多种植物，几乎所有蔬菜都被其危害。

症状：立枯病从幼苗出土到移栽前均可发生，葱苗受害后，在假茎基部初形成梭形暗褐色病斑，然后病部收缩细缢，地上部萎蔫枯黄，病苗一般枯死后仍直立不倒，病部常产生淡褐色蛛丝状霉状物。偶见危害成株。

病原：葱立枯病是由半知菌亚门丝核菌属真菌立枯丝核菌引起的。病部蛛丝状霉状物即为病菌菌丝体。菌丝初无色，粗细均匀，老熟后呈黄褐色，较粗壮。菌丝有隔膜和分支，分支处近直角且明显缢缩，老熟细胞中部膨大呈藕节状。后期菌丝相互纠结成不规则形或近球形的褐色菌核。

发病规律：主要以菌丝体和菌核形式在土壤和病残体上越冬。其腐生能力很强，在土壤中可存活 2～3 年。适宜条件下，病菌从葱苗基部或根部伤口侵入，也可以菌丝体直接侵入基部组织。病菌主要通过雨水、灌水和农事活动传播蔓延。影响立枯病发生的主要因素是苗田管理水平和气候条件，如土壤不清洁、使用未腐熟有机肥、地势低洼、排水不良、浇水过多、葱苗过密、通风透光不良、葱秧长势弱等都利于该病流行。

防治方法：①合理选择育苗田，做好种子处理。用 55 ℃温水浸种 15 分钟进行种子消毒，苗床上用 60％多菌灵可湿粉 2 克加干细土 15 千克拌匀下垫上盖。②生态防治。注意育苗田排湿增光，调整秧田小气候。③化学防治。发病初期用 50％多菌灵 500 倍液或 70％甲基硫菌灵 700 倍液或 70％大生 600 倍液喷雾防治。

（3）大葱紫斑病　大葱紫斑病是大葱的重要病害，还可危害葱头、大蒜等。

症状：主要危害叶片和花梗，也可危害叶鞘，病斑初为水渍状小白点，稍有凹陷，后扩大成椭圆形或梭形，呈褐色或暗紫色，周围常有黄色晕圈。数个病斑愈合成长条形大斑。潮湿时，病部产生同心轮纹状排列的深褐色或黑灰色霉层，发病重时引起叶、梗枯死或折倒。种株花梗发病率高，常使种子皱缩，不能充分成熟，影响种子产量和质量（视频 1）。

视频 1
大葱紫斑病

病原：为半知菌亚门链格孢菌属的葱链格孢菌。分生孢子梗单生或 5～10 根束生，淡褐色，有隔膜 2～3 个，不分支或分支极少。分生孢子棒状，褐色，有 5～15

个横隔，1～6个纵隔，顶端具有无色细长的嘴。分生孢子发芽适温为24～27℃，病菌生育适温为6～34℃。

发病规律：主要以菌丝体形式在寄主体内或随病残体在土壤中越冬，翌年条件适宜时，产生分生孢子，通过雨水或气流传播，经气孔、伤口或直接穿透表皮侵入，潜育期1～4天，可多次再侵染。病菌产生孢子需要较高的湿度，萌发和侵入需要有水存在，因此，在多湿的夏季或地势低洼处发病重。发病适温为25～27℃，低于12℃则不发病。此外，沙质土、旱地、旱苗或老苗、缺肥及害虫危害重的田块发病较重。

防治方法：①农业防治。施足底肥，增施磷钾肥，加强田间管理，提高植株抗逆能力。实行与非葱类作物2～3年轮作。收获后清洁田园，将病残体深埋或烧毁。②种子处理。无病地留种，选用无病种子，播前用48℃温水浸种20分钟，然后投入冷水中冷却，晾干播种。③药剂防治。发病初期喷施4%嘧啶核苷类抗菌素（农抗120）水剂100倍液，也可用75%的百菌清可湿性粉剂500倍液或2%多抗霉素1000倍液，每隔5～7天喷1次，连喷2～3次，以上药剂应交替使用。

（4）大葱霜霉病　大葱霜霉病是大葱的常见病害，发生普遍，可明显降低大葱的产量和品质，还可危害葱头。

症状：主要危害叶片和花梗。染病后初在叶或花梗上产生卵圆形黄白色斑点，边缘不明显，病斑扩大联合，沿叶、梗呈筒状发展，干燥时变为枯斑。叶片中下部受害时，病部以上的叶片下垂干枯。假茎感病，病部多破裂，植株弯曲。鳞茎感病，可引起系统侵染，病株矮化，叶片扭曲畸形，呈苍白绿色，湿度大时，表面遍生黄白色绒状物，之后呈暗灰紫色霉层。

病原：为鞭毛菌亚门霜霉菌属的葱霜霉菌。孢囊梗稀疏，无色无隔，1～3根自气孔中伸出，顶端作3～6次二叉状分支，分支末端尖锐弯曲。孢子囊无色，卵圆形。卵孢子球形，黄褐色具厚膜。孢子囊形成需要的温度为13～18℃，15℃最适，10℃以下或20℃以上则显著减少；相对湿度为95%以上；孢子囊萌发适温为11℃，3℃以下或27℃以上不萌发，相对湿度小于85%不萌发。

发病规律：主要以卵孢子形式在寄主、种子或病体及土壤中越冬，翌年春天萌发，从植株气孔侵入，湿度大时，潜育期极短，很快产生孢子囊，借助风雨、昆虫、浇水等传播，进行再次侵染。一般地势低洼、长势较弱、排水不良、重茬地等环境下发病较重。白天温暖，夜间冷凉，昼夜温差大，多阴雨或多雾露，均有利于该病的发生和流行。

防治措施：①农业防治。选择地势高，排灌方便的田块种植，并与粮食作物实行2～3年轮作。收获时，清除田间病残体，施足有机底肥，增施磷钾肥，合理密植，定植时剔除病苗，防止大水漫灌。加强田间管理，做到雨后及时排涝，抢时锄地松土，保证土壤具有良好的通透性，调节田间小气候。②种子消毒。用种子量0.4%的25%瑞毒霉可湿性粉剂拌种，或用50℃温水浸种25分钟，再浸入冷水中，晾干后播种。③药剂防治。发病初期喷施58%甲霜灵锰锌可湿性粉剂600倍液，或75%百菌清可湿性粉剂600倍液，或72.2%普力克水剂800倍液；每隔5～7天喷洒1次，交替用药，连喷2～3次。

(5) 大葱灰霉病　大葱灰霉病又称葱"白色斑点"病，是大葱的主要病害，还可危害葱头、韭菜、大蒜等。

症状：主要危害叶片，初期在叶上呈白色椭圆形或近圆形斑点，多由叶尖向下发展，逐渐连成片，使叶尖卷曲枯死。湿度大时，枯叶上会出现大量的灰色霉层。

病原：为半知菌亚门葡萄孢菌属真菌的葱鳞葡萄孢菌。菌丝无色透明有隔，分生孢子梗在寄主叶内伸出，直立，暗褐色具分隔，基部稍膨大，梗顶端分支，分支处缢缩，分支顶端球状膨大。上密生小梗，小梗顶端着生分生孢子，分生孢子卵形或椭圆形、淡灰色。

发病规律：病菌以菌丝体、分生孢子或菌核形式在病残体上或土壤中越冬，随气流、雨水、灌溉传播蔓延。较高的湿度（相对湿度大于90%）和较低的温度（15～21℃）有利于病害的发生和流行。

防治方法：①农业防治。选用抗病品种，增施有机肥，合理增施磷钾肥，加强田间管理。墒大时及时中耕散墒降湿，保证大葱健壮生长。②药剂防治。64%噁霜·锰锌可湿性粉剂500倍液，或70%甲基硫菌灵可湿性粉剂500倍液，或50%速克灵可湿性粉剂（或50%

扑海因悬浮剂、50％农利灵可湿性粉剂）800～1 000 倍液，轮换喷施，每 10 天喷 1 次，连续 2～3 次。

(6) 大葱锈病 大葱锈病发生普遍，是大葱的主要病害，还可危害葱头、大蒜、韭菜。春末夏初开始发生，秋季危害最重。

症状：主要危害叶、花梗，有时也危害绿色茎部。初在寄主表皮下产生稍隆起的椭圆形橙黄色孢斑，即夏孢子堆，之后表皮破裂，向外翻卷，散出橙黄色粉末，即夏孢子。到晚秋或环境条件不良时，则形成黑褐色孢斑，即冬孢子堆，多为纺锤形，病部表皮破裂后散发出黑色粉末，即冬孢子。发病严重时，葱叶上布满大大小小的病斑，造成叶梗干枯（视频 2）。

视频 2
大葱锈病

病原：为担子菌亚门柄锈菌属真菌中的葱柄锈菌。夏孢子呈椭圆形至圆形，淡褐色，单孢，壁有微刺，发芽孔分散且不明显；冬孢子呈长椭圆形或倒卵形，褐色，壁厚，表面平滑，有柄无色，易脱落，冬孢双孢，分隔处稍缢，个别冬孢单孢。

发病规律：病菌以冬孢子形式在病残体上越冬或以菌丝体形式在活体寄主上越冬。翌年条件适宜，以夏孢子形式靠气流、雨水传播，进行初侵染和再侵染，夏孢子萌发后，从寄主表皮或气孔侵入，一般潜育期 10 天左右，萌发适温为 9～18 ℃，高于24 ℃萌发率明显下降。一般春秋低温多雨或多露多雾的气候条件下，或缺肥、缺水作物生长不良的田块，均有利于该病菌发生和流行。

防治方法：①农业防治。大葱喜肥，应施足有机底肥，增施磷钾肥，小水勤浇，提高植株抗病能力。移栽时剔除病苗弱苗，摘除病叶，清除病残体。②药剂防治。发病初期喷洒 15％三唑酮可湿性粉剂 1 000 倍液，或 12.5％烯唑醇可湿性粉剂 1 500 倍液，或 70％新万生可湿性粉剂 600 倍液，每隔 5～7 天喷 1 次，连喷 2～3 次。

(7) 大葱黑斑病 近年来，大葱黑斑病已上升为大葱主要病害，同时也危害葱头、大蒜等。

症状：主要危害叶片和花梗，采种株更易发病。叶片最初出现黄白色褪绿长圆斑。之后迅速向上下扩展，形成梭形病斑，变为黑褐色，边缘具黄色晕圈。病情继续扩展，斑与斑连片后仍保持梭形，病斑上略现轮纹，层次分明。后期病斑上密生黑绒状霉层，即分生孢子梗及分生孢子，发病严重的植株叶上部萎黄干枯或茎秆折断。

病原：为半知菌亚门匐柄霉菌属真菌的匐柄霉菌。分生孢子梗单生或束生，褐色，顶端孢痕明显。分生孢子着生在梗顶端或分支上，卵圆形，褐色，无喙胞。壁具有细刺，具有纵横隔膜，隔膜处缢缩，有时隔斜生。有性阶段为子囊菌亚门真菌的枯叶格孢腔菌。囊座近球形，子囊圆筒形。子囊孢子多孢，椭圆形，黄褐色，具有纵隔 $0\sim7$ 个，横隔 $3\sim7$ 个。

发病规律：病菌主要以菌丝体或子囊壳形式随病残体在土壤中越冬，也可在活体植株上越冬，翌年春以子囊孢子形式通过风雨进行初侵染。南方地区则全年发生危害，该菌属弱寄生菌，植株长势弱，遭受冻害、虫害严重及管理不良情况下易流行，在温暖的阴雨天也易流行，并常伴随霜霉病或紫斑病混合发生。

防治方法：①农业防治。施足有机底肥，增施磷钾肥，合理密植，清除田间病残体；重病地实行 $2\sim3$ 年非葱蒜类作物轮作。加强田间管理，大雨后及时排水，促进植株稳健生长，提高植株抗病能力。②药剂防治。发病初期可用 75％百菌清可湿性粉剂 600 倍液，或 70％大生可湿性粉剂 600 倍或 14％络氨铜 300 倍液，也可选用 1：0.5：200 波尔多液，每隔 $5\sim7$ 天喷 1 次，连喷 $3\sim4$ 次。

(8) 大葱褐斑病　大葱褐斑病又称叶尖黄萎病，主要危害叶片，同时也侵染大蒜、韭菜等其他葱类作物。

症状：叶片染病易从上部开始，初为水渍状黄褐点，继而生成梭形病斑，一般长 $10\sim30$ 毫米，宽 $3\sim6$ 毫米，斑中部为灰褐色，边缘为褐色，斑面上易产生黑色小点，即子囊壳，严重时，几大病斑融合，可导致叶片局部干枯。

病原：为子囊菌亚门球腔菌属的真菌——葱球腔菌和图拉球腔菌。前者子囊座群生或散生，呈球形至扁球形，子囊呈长卵形至倒棍棒状，子囊孢子呈长卵形至长椭圆形，双胞无色。后者子囊座呈球形，子囊呈圆筒状，子囊孢子呈椭圆形，无色具有隔膜，分隔处缢缩。无性态为半知菌亚门枝孢属真菌的扁豆枝孢菌。分生孢子梗褐色丛生，具有分隔，单支或稍分支，屈曲，顶部产生分生孢子，分生孢子褐色单生或形成短链，形状大小不一，呈长圆形至卵圆形，具有1～3个隔膜。

发病规律：病菌主要以分生孢子器或子囊壳形式随病残体在土壤中越冬。翌年借风雨或灌水进行传播。从伤口或自然孔口侵入，其分生孢子进行再侵染。种子亦可带菌，引起叶片发病。气温为18～25℃，相对湿度高于85%，土壤黏重，地势低洼，土壤含水量高的地块易发病；栽植过密，通风透光差，生长势弱及重茬地发病重；保护地周年可发生危害。

防治方法：①选用高脚白、三叶齐、鸡腿葱、章丘大葱等耐热品种。②加强管理。雨后及时排水，防止葱田过湿，提高根系活力，增强抗病力。③发病初期喷洒50%速克灵可湿性粉剂1 000倍液，也可用50%多菌灵可湿性粉剂800倍或70%甲基硫菌灵可湿性粉剂1 000倍液，或75%百菌清可湿性粉剂800倍液，每隔7～10天1次，连喷2～3次。

(9) 大葱小菌核病 大葱小菌核病同时也危害大蒜、葱头、韭菜等葱蒜类作物。

症状：主要危害叶片和花梗，但危害假茎更甚。叶和花梗受害，初期仅其先端变色，逐渐向下发展，使葱株局部或全部枯死，仅残留新叶，剥开病叶，里面产生白色棉絮状菌丝，病部表皮下散生黄褐色或黑色小菌核。假茎受害以近地面基部为主，病初呈水渍状，出现圆形或椭圆形小点，之后发展成为不规则状，造成假茎呈黄褐色腐烂，倒伏，湿度大时病部表皮下散生褐色或黑色小菌核。

病原：为子囊菌亚门核盘菌属真菌的大蒜核盘菌。菌核形成于寄主表皮下，呈片状至豆瓣状或近椭圆形，萌发产生4～5个子囊盘。子囊筒状，基部细狭，内含8个子囊孢子。子囊孢子呈长椭圆形，单胞无色，两端钝圆，病菌发育适温为25℃。

发病规律：以菌核形式随病残体遗落土壤中越冬，春秋两季形成子囊盘。产生子囊孢子，借气流弹射、灌溉、雨水传播或直接产生菌丝进行侵染传播。气温为14～18℃，降水频繁，光照不足或大雨积涝田块易发病。

防治方法：①选用优质无病壮苗。②收获后及时清除病残体，集

23

中深埋，减少田间菌源。③及时排水除涝，防止大水漫灌，并及时中耕散墒，促进大葱健壮生长。④药剂防治。发病初期及时喷洒50％扑海因可湿性粉剂1 000倍液；对于假茎染病则可用50％速克灵可湿性粉剂或50％农利灵可湿性粉剂800～1 000倍液灌注或喷洒，一般每隔5～7天1次，连防2～次。

（10）大葱白腐病

症状：主要危害叶片及假茎。一般从叶片顶尖开始，向下变黄后枯死，幼株发病通常枯萎，成熟大株数周后衰弱、枯萎，湿度大时，在寄主表面形成绒毛状白色菌丝体，进而形成黑色球形菌核。往往造成根及假茎在田间腐烂，贮藏期可继续侵染危害（视频3）。

视频3
大葱白腐病

病原：为半知菌亚门小菌核属真菌的白腐小菌核菌。主要以菌核和菌丝形成其生活史，菌核呈球形或扁球形，外表黑色，由1～2层厚壁暗色细胞组成。内部为紧密的浅红色长细胞组成。菌核一般不萌发，萌发时表面凸起，外皮裂开，自由融合的菌丝伸出，形成小瓶梗，链生小型分生孢子，孢子透明，球形。

发病规律：病菌以菌核形式在土壤中或病残体上存活越冬，遇根分泌物刺激萌发，长出菌丝侵染植株根茎，在株间辗转传播。侵染和扩展最适温度为15～20 ℃。其营养菌丝在无寄主的土壤中不能存活，所以该病往往是成片发生或成行发生。一般在春末夏初或早秋季节发展快，夏季高温不利于该病流行。

防治方法：①实行3～4年轮作。②及时清除田间病株和病残物。③生长期发病初期采用50％多菌灵可湿性粉剂500倍液或50％甲基硫菌灵可湿性粉剂600倍液，50％速克灵可湿性粉剂1 000倍液灌淋根茎。贮藏期防病也可选用上述杀菌剂喷淋。

（11）大葱疫病

大葱疫病又称大葱"烂秧"病，也可侵染葱头、韭菜等葱蒜类作物，还可危害茄果类蔬菜。

症状：该病主要危害叶片、花梗，后期引起假茎腐烂。叶、花梗染病初期出现青白色不明显斑点，病斑扩大后变为灰白色齐边病斑，并致叶片枯萎。阴雨连绵或湿度大时，病部长出白色绵毛状霉层；天气转晴干燥时，撕开表皮，可见绵毛状白色菌丝体，也可出现在假茎与土壤接触面之间。

病原：为鞭毛菌亚门疫霉属真菌的烟草疫霉。孢囊梗2～3根由气孔长出。梗上子囊单生，呈长椭圆形或洋梨形，顶端乳头状突起明显。游动孢子呈圆形、椭圆形或肾形，侧生双鞭毛，在枯死组织内产生有性器官，卵孢子呈球形，膜厚，可抵抗不良环境，在土壤中可存活3～5年。发育温度为12～36℃，以25～32℃最适，菌丝在50℃经5分钟可致死。

发病规律：以卵孢子或菌丝体形式在病残体内、土壤中或堆肥中越冬，翌春产生孢子囊及游动孢子，借风雨传播或人为传播，孢子萌发后产出芽管，穿透寄主表皮直接侵入体内，之后病部再产生孢子囊进行再侵染，扩大危害。在阴雨连绵、种植密度大、地势低洼、田间积水、植株徒长的田块发病重。

防治方法：①清除病残体，减少田间菌源和有机肥菌源，与非葱蒜类作物实行2年以上轮作。②选择排水良好地块，选用壮苗定植，雨后及时排水，及时中耕，做到合理密植，通风良好，应用配方施肥，改善营养，增强寄主抗病力。③化学防治。发病初期喷洒58%甲霜灵·锰锌500倍液；发病重可选用72.2%霜霉威水剂700倍液或72.2%普力克水剂800倍液，每隔7～10天1次，连喷2～3次。

(12) 大葱白色疫病 大葱白色疫病又叫白尖病，在育苗期、成株期均可发生，也可侵害葱头、韭菜、大蒜等。

症状：在苗期、成株期染病。叶鞘、叶身出现周边不明显的油渍状暗绿色病斑，之后逐渐扩展为5～10厘米的大型油渍状青白色病斑，周边病健界线不明显，病斑中央为白色至灰白色，病斑扩展到叶尖，逐渐干枯下垂，该病发病初期多在同一高度位置上的叶片中上部。

病原：为鞭毛菌亚门疫霉属真菌的葱疫霉真菌。孢囊梗与菌丝无明显差异。菌丝无色，孢子囊呈倒洋梨形，偶具乳状突起，产生游动孢子。藏卵器穿过雄器着生或雄器侧位，卵孢子呈球形。

发病规律：病菌主要以厚垣孢子形式在土壤中越冬，翌年条件适宜时产生孢子、孢子囊，借风雨或灌水传播。产生游动孢子借雨滴溅射传播。一般在 5～6 月始发，随雨季的到来，病情加重。夏季连阴雨天，雨后排水不及时，地势低凹，积水多，氮肥施用量大，植株徒长，则发病重。

防治方法：①选用优良品种。如高脚白、三叶齐、五叶齐、鸡腿葱、章丘梧桐等抗病品种。②注意轮作换茬。以 2～3 年为宜，收后注意清除病残体，搞好田间卫生。③采用高畦育苗高垄栽培，注意及时培土中耕，防止水、葱接触。④增施有机肥，配施磷钾肥，适量追施氮素化肥，提高植株抗病能力。⑤发病初期选用 77％可杀得可湿性粉剂 500 倍液，或 72％克露可湿性粉剂，或 72％霜脲·锰锌可湿性粉剂，或 72％克霜氰可湿性粉剂 800 倍液，或用 70％大生可湿性粉剂喷雾，每隔 7 天 1 次，连喷 2～3 次。

（13）大葱叶枯病　大葱叶枯病又叫大葱斑点病，同时还危害韭菜、葱头、大蒜等葱蒜类作物。

症状：主要危害叶片及花茎，也可危害假茎，发病初期，受害部位出现褪绿色长圆形或梭形病斑，之后病斑全部变为灰白色至红褐色，明显凹陷，斑上密生黑色小点。假茎受害则形成梭形或椭圆形紫褐色病斑，边缘不明显，之后也长出黑色小点，即病原分生孢子器，叶片折倒枯死。

病原：为半知菌亚门壳针孢属真菌葱斑枯病菌。分生孢子器初埋藏于表皮下，成熟时突破表皮，分生孢子器近球形，器壁较厚而且细胞致密，深褐色。孢子无色透明，针形，有些孢子微弯，顶端坚锐，基部钝圆形，具有多个隔膜。有性阶段属子囊菌亚门球腔菌属真菌的葱叶枯病菌，子囊腔呈球形或近球形，黑褐色，子囊呈倒卵形，子囊孢子呈长椭圆形，双细胞，分隔处缢缩，上部细胞较短而宽。

发病规律：病菌以菌丝体或分生孢子器形式在病残体上或越冬葱类植物体上越冬，也可附着于种子上越冬，翌年条件适宜时产生分生孢子，借风雨传播，从气孔侵入。适温高湿有利于发病。当气温在 20～25 ℃，相对湿度达 95％以上或长时间阴雨天，病害易流行。气温低于 12 ℃ 或高于 30 ℃，相对湿度小于 80％或高温干旱时，病害发生较轻。

防治方法：①农业防治。选用抗病品种，实行与非葱蒜类作物

2～3 年轮作；施足腐熟有机底肥，增施磷钾肥，合理密植，及时中耕、排涝，改善田间湿度状况；清除病残体，集中烧毁。②药剂防治。用 75％百菌清 600 倍液，或 70％甲基硫菌灵 800 倍液，于发病初期喷雾，每隔 5～7 天 1 次，连喷 2～3 次。

（14）大葱叶霉病

症状：主要危害葱叶，被侵染葱叶初呈暗黄色水渍状，后变暗褐色凹陷，并生出绒状黑色霉层，病斑呈不规则形或梭形、椭圆形，绒状黑色霉层是该病的主要病症。

病原：为半知菌亚门疣蠕孢属葱疣蠕孢真菌，分生孢子梗丛生，基部较粗，暗褐色，分生孢子呈圆筒形，单胞或多胞。以三胞居多，表面生有细刺。

发病规律：以菌丝体形式潜伏在病部越冬或以发病的葱类保护地越冬。以分生孢子形式进行初侵染和再侵染，靠气流传播蔓延。天气温暖或连阴雨，田间湿度过大，偏施氮肥，植株徒长，易发病。

防治方法：①及时清除病残体，减少越冬菌源。②适当密植。适时适量浇水，雨后及时排水，中耕散墒。③发病初期喷洒 70％甲基硫菌灵 800 倍液，或 50％苯菌灵可湿性粉剂 1 000 倍液，每隔 5～7 天 1 次，连喷 2～3 次。

（15）大葱炭疽病

症状：危害叶、花茎和假茎。叶初侵染呈近纺锤形、梭形至不规则斑点，淡灰褐色至褐色，斑上生许多黑色小点，即病菌分生孢子盘，严重时引起上部叶片枯死。

病原：为半知菌亚门毛盘孢属真菌葱刺盘孢菌，以子座或分生孢子盘或菌丝体形式随病残体在土壤中染病的假茎上越冬，靠雨水飞溅传播。多雨年份、长期遇阴雨连绵、排水不良的低洼地发病较重。

防治方法：一般采用 80％炭疽福美可湿性粉剂 800 倍液，或 70％甲基硫菌灵 1 000 倍液或 70％大生 600 倍液，在发病初期喷治。

（16）大葱叶腐病

症状：以葱成株期发病较多，开始时叶片中部形成水渍状、稍向内凹陷的病斑，呈梭形或长椭圆形，干燥时病斑变为灰白色，潮湿时继续横向扩展，造成叶片倒折，严重时叶片干枯。

病原：为鞭毛菌亚门腐霉属一种真菌所致。一般在多雨年份秋季发生较重。

防治方法：发病初采用70％大生600倍液喷治，也可选用75％百菌清800倍液喷治。

（17）大葱黑粉病

症状：病株生长衰弱，叶色淡，茎基部银灰色泡状瘤肿，表面被有膜状寄主组织，膜破后释放黑粉。

病原：为担子菌亚门条黑粉菌属的葱黑粉真菌。

防治方法：由于该病发展较轻，一般不另行防治，若防治则用15％粉锈宁可湿性粉剂1 000倍液喷雾。

（18）大葱软腐病

近年来，由于大葱面积的增加，产量的提高，大葱细菌性软腐病有逐年上升趋势。大葱软腐病还可危害其他葱蒜类作物和白菜、甘蓝、芹菜、胡萝卜等。

症状：一般先从茎基由下向上扩展，初侵染呈水渍状长形斑点，之后产生半透明状灰白色病斑，接着叶鞘基部软化腐烂，致叶片折倒，病斑向下扩展，假茎部染病初呈水渍状，之后内部开始腐烂，散发出细菌病害所特有的恶臭味。

病原：为欧氏杆菌属的细菌，胡萝卜软腐欧氏杆菌胡萝卜软腐致病型。菌体短杆状，周生4～5根鞭毛，对温度适应性较强，4～39℃均能生长，以25～30℃最适，50℃经10分钟可致死。

发病规律：病菌主要以遗落在土中未腐烂的病残体上，或在活体寄主上存活越冬，翌年通过肥料、雨水或灌水传播蔓延，经伤口侵入，地上害虫发生严重的田块发病严重。降水频繁，光照不足，尤其是高温又有大雨暴雨的天气，病害发生严重。低洼连作地、偏施氮肥、植株徒长的田块易发病。

防治方法：①增施有机肥，培育壮苗。适期早栽，勤中耕，浅浇水，增施磷钾肥，防止氮肥过多。②及时防治地下害虫和地上害虫，减少人为伤口。③化学防治。发病初期选用77％可杀得可湿性粉剂500倍液，72％硫酸链霉素可溶性粉剂2 000倍，1 000万单位新植霉素3 000倍或14％络胺铜水剂250倍液，视病情每隔7～10天1次，连喷2～3次。

（19）**大葱黄矮病**　大葱黄矮病又称大葱病毒病，发生比较普遍，还可危害大蒜、葱头等葱蒜类作物。

症状：大葱从苗期到成株期均可得此病，得病植株生长受阻，病叶生长停滞，叶片凹凸不平，皱缩扭曲，叶变细，叶尖逐渐黄化，叶片上有时产生长短不一的黄白色条斑或黄绿色斑驳。重病株严重矮化，叶扭曲变小、扁平，生长停止，蜡质减少，叶下垂变黄，严重者则全株萎缩枯死。

病原：为葱头黄矮病毒，病毒粒子呈线形，体外保毒期为 2～3 天，致死温度为 75～80 ℃，寄主范围很窄，仅限于葱属植物。

发病规律：大葱黄矮病病毒在活的寄主体内越冬，以越冬大蒜、大葱及大葱留种田为毒源，田间主要靠多种蚜虫和葱蓟马以非持久方式传毒，也可以病健之间摩擦，通过汁液传播。一般高温干旱，管理粗放，蚜虫和蓟马发生量大，与葱类作物相邻的地块发病严重。

防治方法：①农业防治。栽葱前除去田间杂草，剔除病苗，适时追肥浇水，并注意不与其他葱类作物邻作。②及时防除蚜虫和蓟马，选用 0.5％阿维菌素乳油 800～1 000 倍液均匀喷施，或用 1％甲维盐乳油 1 000～1 500 倍液喷施，每隔 5～7 天 1 次，连喷 4～5 次，每亩每次喷药 40～50 千克。也可选用 20％氯·马乳油 1 500 倍液喷杀。③增施有机肥，适时追肥，喷施植物生长调节剂，增强抗病力。④发病初期喷洒 1.5％植病灵乳剂 800 倍液，或 20％盐酸吗啉双胍醋酸铜（病毒 A）可湿性粉剂 500 倍液，或用 20％吗胍·硫酸铜水剂 1 000 倍液喷施，每隔 5～7 天 1 次，连防 2～3 次。

（20）**大葱线虫病**

症状：以幼虫形式寄生于大葱根部，严重危害时，造成根部腐烂，使整个植株变黄腐烂。引起葱线虫病的有：葱头茎线虫（蛀食地下假茎及根茎）、甘薯茎线虫（危害地下假茎及根茎部分，使其肿胀、破裂或腐烂）、根腐线虫（危害根茎或假茎，呈现根部腐烂或植株无须根症状）。

防治方法：在畦内亩撒 2％噻虫嗪颗粒剂 4～6 千克，或采用 0.5％阿维菌素乳油 800～1 000 倍液灌根，或用 50％辛硫磷 500 倍液喷淋、灌根，均能有效控制其危害。

2. 非侵染性病害　包括沤根、大葱叶尖干枯症、大葱营养元素缺乏症等。

(1) 沤根　沤根是蔬菜育苗的常见病害之一，在大葱成株期也常有发生。

症状：育秧沤根，苗在出土后长期不发新根，根表皮呈锈褐色或白色，逐渐朽烂，幼苗极易拔起且带根短而少，地上部分生长发育不良，后期发病造成叶片黄化，似缺肥缺水状。之后逐渐枯黄，严重时全株萎蔫死亡。轻病株则生长发育迟缓，成株期与后期发病相似，只是心叶抽出极慢，假茎变空，拔出后根茎朽烂。

发病原因：沤根是一种生理病害，主要由于苗田长期积水，土壤温差过大，加之浇水不当或阴雨天气，土壤湿度过大，通风透气性差，从而导致根部供氧不足，使植株正常生理代谢受阻，有毒物质积累，引起沤根。因此，凡是长期低温阴雨天气，光照不足，或灌水过量，苗田积水，排水不良，湿度过大的田块沤根发生就严重，况且大葱一般深植 20～30 厘米，更容易形成通气不良，发生沤根现象，一般偏酸性黏壤土比偏碱性沙壤土发病严重。

防治方法：①稳定地温，促进壮苗发育，提高抗病能力。提高苗田温度达 20 ℃以上。②降低田间湿度。田间湿度过大是造成沤根的关键因素。苗田在浇足底墒后，尽量少浇或不浇，必要时小水勤浇，切忌大水漫灌。阴雨天气或田间湿度过湿可用草木灰或细干土撒于苗田，以降低田间湿度。降雨后应及时排水，及时中耕松土散湿，增加土壤透气性。③改善土壤通气条件。栽植大葱应尽量选择沙壤土，并大量增施腐熟有机肥，改善土壤结构，提高土壤缓冲能力，改善通气、透气条件，以减少沤根的发生。

(2) 大葱叶尖干枯症　在大葱生长期间，常常出现叶尖发黄或干枯现象，引起叶尖干枯的原因很多，其主要原因是生理性病害，有时误断为侵染性病害，用药防治收效不佳。

症状：在葱苗生长期，高温天气条件下，大葱叶尖黄褐干枯且没有病理过程，新旧叶均有症状。以新叶为主，大片大片地发生，没有明显的小范围发病中心，后期干枯处不产生病原物。

发病原因：①葱类作物耐寒性强，耐热性弱，在高温炎热季节生长停滞，容易早衰，表现为叶尖干枯。②大葱为弦线状须根，根群分布浅，吸收水肥能力弱。水肥不足，营养不良，植株瘦弱，出现叶枯现象。③土壤中缺钙、镁、铁等微量元素时，导致大葱叶尖干枯，尤以缺钙最重。④酸性土壤中钙、磷易被铁、铝固定，导致无法吸收，致使根系发育差，易形成叶尖干枯。另外，化肥使用过量，水分供应不足，致使出现烧苗现象形成白色叶枯。

防治方法：①从栽培上，应选择土质肥沃，有灌溉条件的壤土或沙壤土，并增施有机肥料，提倡对酸性土壤施用石灰，每亩 $50\sim100$ 千克，追肥时切忌浓度过高，应少量多次，追肥后及时充分灌水，保证钙质吸收。②喷施复合微肥。若大葱底肥不足，再追施其他肥料则效果不佳，故应以叶面补施微肥为宜，一般选用 0.01％硫酸锌＋0.02％硼酸＋0.02％硫酸钙＋0.01％硫酸镁＋0.01％硫酸亚铁＋200倍的黄腐酸盐混合喷施，或用草木灰＋过磷酸钙浸出液过滤稀释后喷施。

(3) 大葱营养元素缺乏症　大葱比较喜肥，对氮素反应敏感，施用氮肥则有很强的增产效果。在生长盛期，其吸氮量高于钾，而在叶鞘充实期，其吸钾量则高于氮。苗期对磷最敏感，在葱白形成期应加强钾肥施用。除氮、磷、钾外，钙、镁、硼、锰和铁对大葱的生长也有一定的影响，在氮、磷、钾满足的情况下，增施钙、锰、硼的效果最为显著，表现为葱白长而粗，产量明显提高。

大葱缺氮则表现为生长势差，叶色淡绿，叶肉发厚；缺磷也表现为生长势差，但不像缺氮那样叶色淡绿；缺钾则表现为叶片发生黄绿色的条斑，易从叶尖枯干；缺锰表现为叶脉间部分淡绿色，严重时发生不规则白斑；缺镁表现为叶色变淡，叶脉间呈淡绿色；缺钙表现为新叶中下部发生不规则形的白色枯死斑点，假茎根茎部易腐烂；缺硼表现为植株生长发育受阻，不长新叶，或枯死，或扭曲畸形，根尖伸展困难，易木质化，易脆，根尖细胞死亡；缺铁表现为新叶叶脉间淡绿色，之后整片新叶呈黄绿色。

防治方法：增施有机肥，重视氮、磷、钾配合施用。定植后，每2周喷施1次尿素（或磷酸二氢钾交替使用，每次每亩 $100\sim150$ 克）＋复合微肥（0.2克硫酸钙＋0.02克硼酸＋0.2克硫酸锰）配以15千克水喷雾。

3. **大葱虫害** 包括蛴螬、蝼蛄、金针虫、葱蝇、葱蓟马、葱斑潜蝇、种蝇、蒜蝇、甜菜夜蛾、斜纹夜蛾等。

（1）**蛴螬** 蛴螬是金龟子幼虫的统称，又名白地蚕、白土蚕、蛭虫。种类很多，危害大葱的蛴螬主要有华北黑鳃金龟子、铜绿丽金龟子、暗黑鳃金龟子和黑绒金龟子等。蛴螬成虫取食叶片，幼虫则咬食萌发种子、苗及根茎，咬口整齐，致使整株枯死，造成缺苗断垄，影响大葱的品质和产量。

形态特征：华北大黑鳃金龟成虫体长 16～22 毫米，黑褐色至黑色，有光泽，两翅合缝处呈纵隆起线，两翅各有纵线 3 条；卵呈椭圆形，之后变成球形，白色有光泽，幼虫乳白色，臀部腹面有呈三角形分布的钩状毛；蛹长 20 毫米，椭圆形，橙黄色。铜绿丽金龟，成虫体长 19～21 毫米，具铜绿光泽，前胸背板深红色，臀板三角形，其上有一个三角形黑斑；卵呈圆形，1.8 毫米，白色，表面光滑；幼虫体长 30～33 毫米，腹面具两列刺毛，每列由 13～14 根长锥刺组成；蛹体长 18～22 毫米，黄褐色，长椭圆形，稍弯曲。

生活习性：华北大黑鳃金龟在河南省每 2 年发生 1 代，以成虫和幼虫在深土层中越冬；5～6 月成虫出土活动，喜产卵于寄主根际潮湿松软的土内；6～8 月为幼虫孵化盛期，8～10 月对大葱危害较重；成虫有假死性和趋光性，对未腐熟的厩肥趋性较强。铜绿丽金龟每年发生 1 代，以幼虫越冬；越冬幼虫 3 月下旬至 4 月上旬开始活动危害，5 月至 6 月上旬化蛹，5 月中下旬至 7 月变为成虫，6 月中旬危害最盛，7～9 月为幼虫危害大葱盛期，10 月上旬以 3 龄幼虫入土越冬；成虫发生期整齐，高峰期集中，成虫喜食多种果树叶片，卵分散产在土中，每雌产卵 40 余粒，成虫趋光性强，活动适温为 25 ℃，在闷热的夜晚，成虫发生量多，危害最盛。

防治方法：①捕杀成虫。成虫盛期，在无风的傍晚点火摇树，掉落捕杀，或用黑光灯诱杀。②农业防治。施用腐熟有机肥料；结合翻耕灌水减少越冬虫源。③药剂防治。用 10％噻虫胺＋10％虫螨腈悬浮剂 1 000 倍液喷移栽沟，或在沟内亩撒 2％噻虫嗪颗粒剂 4～6 千克，或 3％辛硫磷颗粒剂 1.0～1.5 千克，药土混匀后浇水定植。

(2) 蝼蛄 蝼蛄是一种杂食性害虫，又叫拉蛄子、地狗子。在河南省以华北蝼蛄和非洲蝼蛄为主，其成虫、若虫均可造成危害，咬食幼苗、幼根、幼茎及刚萌发的种子，或咬断茎部。被害处呈乱麻状，若虫在地表窜动，形成纵横弯曲隧道，使幼苗、幼根离开土壤干枯而死，造成缺苗。

形态特征：华北蝼蛄成虫背板筒形，背中央有一深红色斑，前足特别发达。卵椭圆形，初产黄白色，体小，孵化前2～3毫米，深褐色。若虫形似成虫，翅不发达，仅有翅芽。非洲蝼蛄成虫体略小于华北蝼蛄，长为30～35毫米，形态相似，淡黄色，密生细毛。后足胫节，背侧内缘有刺3～4个。卵呈椭圆形，初为白色后变暗紫色。

发生特点：华北蝼蛄3年1代，以成虫或若虫地下1.5米越冬。春季土温回升至8℃以上开始活动。4～5月进入危害盛期，6月中旬产卵，卵期10～20天，8月上旬至9月中旬危害大葱，以8～9龄若虫越冬，第2年以12～13龄若虫越冬，第3年羽化成虫越冬，越冬成虫第4年6月产卵。非洲蝼蛄则2年完成1代，以成虫或若虫越冬。成虫趋光性较强，并趋牛马粪和未腐熟的有机物，一般沙壤土及腐殖质含量高的土壤发生严重。

防治方法：①诱杀成虫。用灯光或毒饵诱杀。或用5千克麦麸炒香配90%敌百虫晶体0.2千克，加适量水与饵料混合后撒于葱田中。②药剂防治。用50%辛硫磷1～1.5千克，掺干细土15～30千克，充分拌匀，撒于葱田或定植沟内，也可亩用3%辛硫磷颗粒剂2千克，施法同上。

(3) 金针虫 金针虫即叩头虫的幼虫，主要危害幼芽及种子、根系及根盘，造成植株干枯死亡。

形态特征：金针虫因幼虫黄色细长而得名。河南省主要有沟金针虫和细胸金针虫，沟金针虫幼虫为金黄色，扁平，体节宽大于长，尾节两侧隆起，有3对锯齿状突起，尾端分叉并向上弯曲。细胸金针虫幼虫为淡黄色，体细长，各节长大于宽，尾节圆锥形，背面近前缘两侧各有一个褐色圆斑，末端中间有一红褐色小突起。

发生特点：2种金针虫均2～3年完成1代，以成虫或幼虫在土中越冬，翌年3月开始危害幼苗，9～10月危害成株大葱。

防治方法：见蛴螬防治。

（4）**葱蝇** 葱蝇又叫葱蛆、蒜蛆、韭蛆，是寡食性害虫，仅危害葱、蒜类作物，葱蝇属双翅目花蝇科，是危害大葱的主要害虫。幼虫蛀入葱假茎基部引起腐烂，叶片枯黄，萎蔫，甚至成片死亡。由于受害部位在葱白基部，药液黏着性差，防治较困难。

形态特征：成虫前翅基背毛极短小，不及盾间沟后背中毛长的1/2。雄蝇两复眼间额带最狭部分比中单眼窄；后足胫节的内下方中央为全胫节长的1/3～1/2，部分有成列稀疏而大致等长的短毛。雌蝇中足胫节外上方有两根刚毛。老熟幼虫腹部末端有7对突起，各突起均不分叉，第1对高于第2对，第6对显著大于第5对。

发生规律：在华北地区一年发生2～3代。以蛹在被害株土中或粪堆中越冬，翌年3月下旬至4月初为越冬代成虫羽化盛发期，4月中旬为产卵高峰，将卵成堆产在葱叶及假茎基部周围1厘米深的土壤中。一代幼虫危害盛期在4月中旬至5月上旬，第2代幼虫危害盛期在5月下旬至6月上旬，第3代幼虫危害盛期在10月中下旬至11月上旬，幼虫化蛹进入越冬状态。一般卵期3～5天，孵化的幼虫很快钻入假茎内。幼虫期为17～18天，蛹期14天左右。

葱蝇的发生与降水量、温度、相对湿度、地势环境、土壤质地、作物长势等因子有密切关系。种植田与留种田相邻或相近的地块被害率高，重茬地受害重，生茬地轻，栽葱后遇大雨或灌水量过大则危害重，反之轻。施未腐熟土杂肥的地块危害重。

防治方法：①农业防治。施用充分腐熟的有机肥料，以减少对成虫的聚集，促进葱秧健壮生长。结合实际情况，对已发生地块，勤灌水，必要时可进行大水漫灌，抑制葱蛆活动或淹死一部分葱蛆。②化学防治。在栽葱前，每亩一次性施入0.5%阿维菌素800～1 000倍液或1%的甲维盐1 000～1 500倍液，或用10%噻虫胺＋10%虫螨腈悬浮剂1 000倍液喷移栽沟，或在沟内亩撒2%噻虫嗪颗粒剂4～6千克，在成虫发生初盛期开始施药，用2.5%敌杀死2 500倍液，每5～7天1次，连喷2次，药液要喷在整个植株及其周围土表面。在幼虫危害初期，也可采用以上药液灌根。

（5）**葱蓟马** 葱蓟马又叫烟蓟马、棉蓟马、瓜蓟马等，属缨翅目蓟马科害虫，是一种食性很杂的害虫。主要危害大葱等葱蒜类作物及葫芦科和茄科作物，还可危害棉花、烟草等大田作物。葱蓟马的成虫和若虫以锉吸式口器危害寄主植物的心叶嫩芽，吸食叶管汁液，使葱叶上产生细小的灰白色或灰黄色长条斑点。严重时，使葱叶失水垂萎，发黄干枯扭曲，严重影响产量，降低食用价值。葱蓟马还是大葱黄矮病病毒及其他病毒的传播介体。

形态特征：成虫体长 1.2～1.4 毫米，淡褐色或黄白色。前胸背板后角各有 2 根长鬃，后缘有 5 对短鬃；翅细长透明，周缘有许多长毛。卵圆形，黄绿色，后期可见红色眼点，若虫似成虫，体色浅黄、淡黄至深黄，无翅。

发生规律：葱蓟马在华北一年发生 3～5 代，以成虫和若虫在葱、蒜叶鞘内和有杂草覆盖的葱地土中及枯枝落叶间越冬。尚有少数以伪蛹越冬，翌年春季葱苗返青时，出蛰危害，4～5 月和 7～8 月危害最重。成虫活泼，善跳能飞，可借风传播，在干燥少雨、温度较高时，危害猖獗。成虫白天多在叶背或叶腋里危害，在阴天或夜里才在叶面危害。多雨季节，大葱叶腋中积水，可使若虫死亡。畦间灌水使土表面板结，对若虫入土和土内蛹羽化以及成虫出土都不利。

防治方法：①农业防治。清除田间杂草和残株落叶，集中烧毁或深埋，消灭虫源。大葱生长期间勤灌水，勤除草，可减轻蓟马的危害。②蓟马危害期可喷洒 4.5％高效氯氰菊酯 1 000 倍液，或用 0.5％阿维菌素乳油 800～1 000 倍液均匀喷施，或用 1％甲维盐乳油 1 000～1 500 倍液喷施，或用 10％吡虫啉可湿性粉剂 1 500 倍液、99％矿物油 150 倍液等，或用 50％辛硫磷乳油 1 000 倍液与菊酯类乳油 2 000 倍液混配，每隔 5～7 天喷 1 次，连喷 4～5 次，每亩每次喷药 40～50 千克。因大葱叶片比较光滑，在喷洒时可加入叶面黏着剂或中性洗衣粉，以增加附着力，提高喷施效果。

(6) 葱斑潜蝇 葱斑潜蝇又叫葱潜叶蝇、韭菜潜叶蝇，俗名串皮干，属双翅目潜蝇科，是危害大葱叶的主要害虫。以幼虫蛀入叶片内，蛀食二层表皮内叶肉组织，呈曲线状或乱麻状隧道，破坏叶的绿色组织，严重影响大葱生长。

形态特征：成虫体长 2 毫米，头部黄色，头顶两侧有黑纹，复眼红褐色，胸、腹、足灰黑色，翅透明有反光，平衡棒黄色。幼虫体长4毫米，淡黄色，细长筒形，尾端背面有后气门突一对，体壁半透明，隐约可见内脏。蛹长2.8毫米，褐色，圆筒形略扁，后端略粗。

发生规律：在华北地区一年发生3～5代，以蛹在土中越冬。翌年4月上旬羽化，成虫以上午8:00—11:00，下午15:00—18:00最为活跃，飞翔于葱株间或栖息于叶筒端部。产卵一般在上午9:00—11:00，幼虫孵出后就开始蛀食叶肉，幼虫在叶组织中的隧道内能自由进退，并在叶筒内外迁移危害。6月中下旬前危害葱苗，7～8月危害大田葱叶，9～10月危害最重，直到10月底。10月中下旬，幼虫在葱叶被害隧道末端化蛹。

防治方法：①农业防治。清除病叶残体。自葱生长期，若发现有被幼虫蛀食的叶子，应带出田外深埋，葱收获后，清理残株落叶沤肥或烧毁，可减少虫源，并深翻土壤，冬季冻死越冬蛹。②诱杀成虫。可用红糖、醋各100克，加水1 000克煮沸，加入40克敌百虫，调至均匀，然后与40千克干草和树叶拌匀，撒入田间诱杀成虫。③药剂防治。成虫产卵盛期或幼虫孵化初期是喷药效果最好的时期，杀死成虫和卵。可用烟草石灰水杀死卵粒，制作方法：用烟叶0.5千克，浸泡在20千克清水中，过夜，然后过滤掉烟叶和烟渣；用10千克水将0.25千克生石灰化成石灰乳，再过滤。使用前将烟叶水和石灰乳混合均匀，即可使用。成虫盛发期可喷洒25%灭杀毙乳油6 000倍液。幼虫危害期可喷洒20%速灭杀丁1 500倍液，或7.5%鱼藤氰乳油1 200倍液，10%烟碱乳油800倍液，均能起到较好防效。发生量大时，一般每7天用药1次。但在大葱收获前15天停用，以防农药残留超标。

（7）甜菜夜蛾　甜菜夜蛾属鳞翅目夜蛾科。别名白菜褐夜蛾，是一种食叶性害虫，近年来对大葱危害逐年加重，轻者造成天窗、孔天窗、孔洞、缺刻，重者将叶片吃光，尤其是7～9月高温天气，常暴发成灾，并且有一定抗药性，常规防治较困难。

形态特征：成虫为黑褐色中小型蛾子，颜面突呈圆锥形，下唇须向上翘起，触角丝状。前翅灰褐色，翅面有暗斑，外缘有黄色点状条纹，近前缘后部有倒"八"形黄白色斑，近顶角处有一长彩黄色白斑。静止时两前翅叠成三角形。卵呈椭圆形，卵面略凸，初产乳白色有光泽。幼虫灰绿色，头部黑色有白斑，体背面与侧面有明显暗色纵带，带间有黄绿色波状细线。蛹藏在袋状丝织茧内，茧上端有孔，用丝封住，茧外附有细碎沙粒。

发生规律：甜菜夜蛾在华北一年发生 4～5 代，世代重叠，以2～3 代发生最严重，以蛹在土中越冬。第 1 代幼虫于 5 月中旬盛发，第 2 代在 6 月中旬，第 3 代在 7 月下旬，第 4 代在 8 月下旬，危害盛期为 7～8 月。成虫昼伏夜出，傍晚产卵。初孵幼虫有群居性，群居时，虫啃食叶肉留下表皮呈天窗状。3 龄后幼虫具有迁移性，白天潜伏躲藏，晚上取食危害。幼虫活泼，反应敏捷，有假死习性，稍受惊吓即吐丝下垂，或团成一团落地。

防治方法：①农业防治。冬季深翻杀蛹，清洁田园，减少虫源。②诱杀成虫卵。利用黑光灯、糖醋液诱杀。③人工采卵。卵块状、上盖鳞毛，低龄幼虫有群居性，可以人工采卵和捕杀。④生物防治。提倡喷洒每克含孢子 100 亿以上的杀螟杆菌或青虫菌粉，兑水 500～700 倍。⑤药剂防治。做好虫情测报，加强虫情调查，抓住幼龄虫发生盛期，趁虫体集中、食量小、抗药性差的有利时机进行防治。采用 2.5％敌杀死 2 000 倍液＋BT300 倍，或 10％氯氰菊酯乳油 1 500 倍液，或 20％灭多威 2 000 倍液，或 20％扑虫净、或 40％辛氰乳油液 1 000 倍液进行防治。

（8）斜纹夜蛾 斜纹夜蛾又叫莲纹夜蛾，属鳞翅目夜蛾科，食性广且杂，主要以幼虫危害叶片、花蕾。初孵幼虫群集在卵块附近啃食叶表，残留叶脉，呈纱网状，2 龄后分散危害，4 龄后叶片被食呈孔洞、缺刻，甚至钻入筒内危害，造成叶片倒折。

形态特征：成虫体长 14～20 毫米，翅展 35～40 毫米，体深褐色，多斑纹，由前缘向后缘外方有 3 条白色斜纹。后翅白色，无斑纹，两翅均有水红色至紫色闪光。卵呈扁半球形，表面有网纹。初产黄白色，后为淡绿色，孵化前紫黑色，卵粒集结成 3～4 层卵块，外覆灰黄色疏松绒毛。老熟幼虫体长 35～47 毫米，体色多变，大多灰褐色，从中胸至第 9 腹节亚背线内侧有近三角形黑斑 1 对，气门呈黑色，蛹呈赤褐色，臀刺短，有 1 对大而弯曲的刺。

发生特点：一年发生多代，世代重叠，无滞育现象。河南省一年发生5代。成虫夜间活动，飞翔力强，可远距离迁飞，有趋光性，趋糖醋性。卵多产于大葱叶中部或叶鞘上。幼虫共6龄，昼伏夜出，有假死性，4龄后为暴食期，老熟幼虫入土化蛹，有间歇发生特点。一般7～9月危害大葱，以8～9月危害较重。

防治方法：①深耕灭蛹，勤中耕除蛹。②使用糖醋液、黑光灯、杨枝把诱杀成虫。③人工摘除卵块，集中消灭尚未分散的初孵幼虫。④采用生物农药。如虫瘟1号1 000倍药液，该药对斜纹夜蛾有特效作用，虫子沾上后不久就表现出不能进食的萎缩状，从第4天开始就慢慢地枯死。虫瘟1号1 000倍液对斜纹夜蛾幼虫的防治效果几乎可达100%。或采用苏云金杆菌制剂或BT制剂。⑤药剂防治。幼虫未分散前用药防治。可选用2.5%功夫乳油或2.5%敌杀死乳油或20%甲氰菊酯乳油2 500倍或25%灭幼脉3号2 000倍液喷雾。每隔7～10天1次，连用2～3次。

（9）其他根部、叶部害虫　危害大葱的地下害虫种类还有种蝇、蒜蝇，常与葱蝇混合发生，还有韭菜迟眼蕈蚊（韭蛆）以及韭萤叶甲等均能危害大葱根茎部，影响大葱产量及品质，其防治方法参照蛴螬、葱蝇等地下害虫防治方法。

危害大葱叶的还有：葱须鳞蛾、甘蓝夜蛾、银纹夜蛾、棉铃虫、烟青虫以及灯蛾科幼虫（毛毛虫）等杂食性害虫，个别年份也暴发成灾，严重影响大葱的生产。防治方法：发生初期在害虫低龄期及时用药进行防治，其方法参照甜菜夜蛾和斜纹夜蛾防治方法。

4. 大葱病虫害综合防治

（1）农业防治　依据病虫、大葱、环境条件三者之间的关系，结合整个农事操作过程中的土、肥、水、种、密、管、工等各方面一系列农业技术措施，有目的地改变某些环境条件，使之不利于病虫害发生，而有利于大葱的生长发育；或者直接或间接消灭或减少病原虫源，达到防害增产的目的。

合理轮作　采取与非葱属作物3～4年轮作，能够改善土壤中微生物区系组成；促进根际微生物群体变化，改善土壤理化性状，平衡恢复土壤养分，提高土壤供肥能力，促进大葱健壮生长而防病防虫。

清洁田园 拔除田间病株，消灭病虫发生中心，清除田间病残组织及卵片，施用腐熟洁净的有机肥，减少田间病虫源的数量。尤其降低越冬病虫量，从而有效地防治或减缓病虫害的流行。

选用抗病品种与培育无病壮苗 一般辣味浓、蜡粉厚、组织充实类型品种较抗病或耐病，如抗病抗风性好的章丘气煞风，可选择对霜霉病、紫斑病、灰霉病抗性较强的三叶齐、五叶齐、鸡腿葱等，以及生长快、丰产性好的章丘大梧桐等品种。

培育选用无病壮苗。加强种子田病虫害的防治，控制种子带病。加强育苗田病虫防治工作，采取综合措施促发壮苗，移栽时认真剔除弱苗、病苗和残苗。

改进栽培技术 创造适合葱生长发育的条件，协调植株个体发育，增强抗病抗虫抗逆能力，加深土壤耕层，活化土壤，综合运用现有的农业措施，采用先进化学手段，实施壮株抗虫抗病栽培，从而达到栽培防病、防虫的目的。

加强田间管理 合理施肥，重施基肥，增施磷钾肥，避免偏施氮肥，适当密植，合理灌溉，加强中耕，提高葱的抗逆能力。同时，采用叶面喷肥，补施微肥，应用激素等措施，促进大葱稳健生长，协调养分供应，从而达到延迟病虫发生、躲避病虫侵害、减轻病虫危害的目的。

（2）化学防治

播种期土壤处理 苗畦整好后，在畦内亩撒2%噻虫嗪颗粒剂4～6千克，或3%辛硫磷颗粒剂1.0～1.5千克，药土混匀后浇水播种。用80亿单位地芽菌葱类专用种子包衣剂包衣，按药种比1：100包衣，或用50℃温水浸种15分钟对种子消毒，或用50%多菌灵可湿性粉剂300倍液拌种后播种。

苗期 防治葱蓟马、潜叶蝇：用斑潜菌毒二合一既治虫又治病，用菊酯类杀虫剂或0.5%阿维菌素乳油800～1 000倍液、1%甲维盐乳油1 000～1 500倍液、50%辛硫磷乳油1 000倍液与菊酯类乳油2 000倍液混配，每隔5～7天喷1次，连喷4～5次，每亩每次喷药40～50千克。防治葱蛆：用0.5%阿维菌素乳油800～1 000倍液灌根。若有猝倒、根腐、干尖等病症，则采用25%络氨铜水剂（酸性

39

有机铜）800 倍液，或用大葱克菌王、80 亿单位地衣芽孢杆菌水剂800 倍液、64％噁霜·锰锌可湿性粉剂 400 倍液、70％代森锰锌湿性粉剂 300 倍液喷施。

成株期 防治成株期病害，选用20％吗胍·硫酸铜水剂1 000 倍液，或辛菌胺又名 5％菌毒清水剂 1 000 倍液、25％络氨铜水剂（酸性有机铜）800 倍液、70％代森锰锌或代森锌可湿性粉剂 350 倍液，轮换交替使用，每 5～7 天 1 次，连喷 2～3 次，每次用药液50～60千克。一旦灰霉病严重发生则采用 30％嘧霉·多菌灵悬浮剂800～1 000 倍液、50％异菌脲可湿性粉剂 400 倍液、50％腐霉利可湿性粉剂 400 倍液轮用。霜霉病则采用 3％多抗霉素可湿性粉剂 800 倍液或72％霜脲·锰锌可湿性粉剂 500 倍防治，紫斑病、黑斑病等病害严重则采用 25％络氨铜水剂（酸性有机铜）500 倍液、50％异菌脲可湿性粉剂配 70％代森锰锌可湿性粉剂 1 500～2 000 倍液混合喷治。防治叶部害虫用药同苗期，以 5～7 天 1 次为宜。

（八）冬葱高产栽培技术

大葱在北方作为三年生或二年生蔬菜栽培，生产上一般为第一年秋季播种，以幼苗越冬，第二年夏季定植，冬前收获，窖藏或露地越冬，第三年春季抽薹开花，夏季采收种子，或当年春播第二年采收种子（视频 4）。秋播比春播产量高、品质好。但春播育苗占地时间短，可以增加复种指数，提高土地利用率，春播缓苗后生长迅速，不发生未熟抽薹现象。无论秋播或春播都要把假茎生长最旺盛时期安排在冷凉的秋季。若要高产，应在选用优良品种的基础上，掌握培育壮苗，适时合理定植，加强肥水和田间管理，并及时防治病虫害等几项关键措施。

视频 4
冬葱栽培技术
要点

1. **培育无病壮苗** 壮苗是大葱高产、稳产的基础。大葱种子的种皮厚而胚小，种子出土慢，出土后幼苗生长较缓慢，苗期长，为了缩短占地时间，便于管理，一般采用均行育苗移栽的方法。生产实践证明，大葱育苗阶段，往往由于种子质量不好、病虫危害、气候干旱、大水漫灌、土壤板结等原因造成缺苗断垄现象，影响育苗数量和质量。根据生产实践探索，应用地膜覆盖方法育苗是培育足苗壮苗、夺取高产稳产的成功经验，特别是春季育苗效果更好。地膜覆盖育苗的优点是苗齐、苗壮、苗大、出苗快。培育壮苗的具体措施如下：

（1）**整地与施肥** 育苗地要选用土壤肥沃、不重茬、排水方便的地块，每亩施入优质农家肥 5 000 千克作底肥，再用过磷酸钙 50 千克、饼肥 100 千克，粉碎后掺入充分发酵的人粪尿，沤制好后施于土壤表层，每亩并撒入 2% 噻虫嗪颗粒剂 4～6 千克，防治地下害虫。然后耕翻耙平，搂细再整畦，一般畦宽 1～1.2 米（便于盖膜与管理），长 10～20 米，要踏实畦埂，准备播种。

（2）**搞好种子处理** 播种前进行选种，并作好发芽试验（可在播前 10～15 天进行）、种子消毒、浸种催芽等工作。种子消毒、浸种催芽的具体做法：播种前 2 天将葱籽用 50～60 ℃的热水浸泡 20 分钟，然后加入冷水搅拌，使水温降低，继续浸泡 10～12 小时；或用 0.5% 的高锰酸钾液浸种 30 分钟，杀死附着在种子表面的病菌，然后将葱籽捞出，拌些淘洗过的湿细沙土（约拌入葱籽体积的 1/2），再放入发芽盘（或瓦盆、布袋内）中，葱籽上面盖上湿纱布，并放一个温度计，盖上盖，放在 28～30 ℃的恒温箱或温室、大棚等温暖的地方均可催芽，催芽时注意经常检查，掌握好温度、湿度，由于种子被沙分隔，通气状况较好，受热均匀，发芽快而整齐。质量好的种子，催芽 24～40 小时后，全部"翻白眼"，这时就是播种的最好时间。也可放在 15～20 ℃的地方进行催芽，每天用清水淘洗 1 次，经 3～4 天出芽，即可播种。

（3）**播种、盖膜、育苗** 冬贮大葱培育壮苗有春播和秋播 2 种。秋播时，如果播种过早（秋分前播种），冬前苗子大，易通过春化阶段，翌年易发生"抽薹"现象；如果播种过晚（10 月中旬以后），温度低，出苗慢，苗子小，生长弱，越冬易冻死。因此，秋播应掌握适宜播期，在豫北地区秋播应在 9 月下旬至 10 月上旬，以 10 月 1 日前后 2～3 天平均气温 16.5 ℃左右时为最适播期。春播应在 3 月中、下旬为宜。播量一般苗床每亩2.5～3千克种子，每亩葱秧可栽大田7～10亩（视频5）。秋播可用精播耧播种。春播也可催芽起盖土播种，由于春播时气温较低，宜采用浇底水覆掩土的播种方法，即先将畦的表土用铁锨起出一扁指厚，拍碎整细（或过筛）作覆盖土待用，随后将畦整齐搂虚，即可放足水，待水渗下后，将已出芽的种子拌入适量细土中，拌匀后均匀撒于畦面，然后覆盖2厘米厚的细土。为

视频5
冬葱育苗技术
与壮苗标准

了防止杂草，育苗田或直播小葱播种后出苗前，每亩可用33％除草通乳油80～120毫升、或50％扑草净可湿性粉剂75～100克、或50％异丙隆可湿性粉剂150～200克，兑水40～50千克进行土壤处理，有良好的除草效果。播种后为增温保墒可盖地膜，四周封严，白天苗床温度可稳定在20～25℃，出苗率可达90％以上。为了防止烧苗，齐苗后用竹竿把地膜支起，离地10～15厘米高，一般采取晴天上午9～10点将膜支起，下午3点将膜盖严，10天左右揭开地膜，锻炼葱苗。覆盖地膜一般在出苗前不需浇水，雨水也接触不了畦面土壤，可防止土壤板结，提高地温，缩短出苗时间，减少病害，确保全苗，通常覆盖15～20天，保苗效果十分显著。应该注意的是，严防盖膜不揭烧死葱苗。

(4) 苗田管理 冬前管理。适时播种后6～9天出苗，12～14天直钩（子叶伸直），17天左右长出第一片真叶。在此期间不要浇水，保持畦面疏松，见干见湿，依靠底墒，一次拿全苗，要求基本苗20万棵左右。立冬后如旱情严重，可酌情轻浇一水，切忌大水漫灌，以免淤压葱苗和畦面板结；小雪前后（11月中下旬）灌封冻水，并可结合灌水浇一次稀粪，3～5天后趁早晨有冻时，覆盖2～3厘米的碎马粪、草木灰或细圈粪，保护幼苗安全越冬。冬前葱苗生长80～90天，可长出3叶左右，葱白基部为2～3毫米，须根10条左右，深扎地表以下10～20厘米，这是保证壮苗安全越冬的标准，也是为培育壮苗、实现高产所要求的技术指标之一。

春季管理。越冬的葱苗，在开春2月下旬开始返青，如果覆盖物太厚，要及时搂出来；如畦面越冬拱抬不平或有裂缝，要及时平踩镇

压一遍，以利增温保墒。根据天气和墒情，在惊蛰后（3 月上中旬）浇返青水，不宜浇得过早，以免降低地温，影响葱苗早发；也可结合浇水每亩冲施尿素 8～10 千克，催苗早发。3 月下旬至 4 月上旬，在苗高 15～30 厘米时，进行 1～2 次间苗，留苗距 5～7 厘米，还可把密集处大苗移栽到缺苗处。这样既可保持葱苗营养面积的均匀，有利于整齐生长，又能为以后移栽时备足符合高产指标要求的壮苗。间苗可结合松土除草进行。

4 月下旬至 5 月，气温回升到 20 ℃左右，苗高 30～50 厘米，是葱苗盛长期，需要做好肥水管理，可分期追施速效化肥（如尿素、二铵、复合肥等），少则 2 次，多则 3 次，每次每亩 10～15 千克，并结合喷药喷施 0.5％磷酸二氢钾 2～3 次。从 5 月下旬至 6 月上旬，要以控为主，促控结合，多蹲苗少浇水，使葱苗稳健生长，直到移栽前 4～5 天再浇一水，以利起苗。5～6 月还应做好对葱蛆、潜叶蝇、蓟马、灰霉病、霜霉病及食叶性害虫等病虫害的防治工作。

每亩苗床最终留苗 12 万～16 万棵，亩产葱秧 3 000～4 500 千克，密度过大会造成纤弱苗过多、病虫害严重，不利于大葱的壮苗增产。

由于气温低，地温上升慢，春播育苗种子萌发迟缓，造成顶土无力，必须加强管理，可采用覆盖薄膜方式，增温保墒，齐苗后可结合浇水亩追二铵 7.5 千克，然后控水蹲苗，其他管理同秋播苗。

2. 适期合理定植

（1）定植适期 根据生产经验，大葱定植适期一般在 6 月中旬至 7 月上旬。以适时早栽为宜，早栽能够早缓苗，早扎根，增强抗旱耐热和防涝能力。通过延长营养生长期，为争取高产创造条件，同时早起苗还可避免因风雨突袭引起的苗田倒伏。栽得过早，葱苗太小，抗逆力差，病害重；栽得过晚，葱白形成期短，产量低，秧苗易徒长，定植后，天气炎热不易缓苗。栽植时间过早，增产幅度不大，过晚则减产严重。一般从 6 月中旬开始移栽，7 月初基本栽完。

（2）精细整地，施足底肥 大葱忌连作，应选择 2～3 年内没有种过葱蒜类蔬菜的地块。适宜与农作物轮作，可选用小麦、大麦、早马铃薯、春甘蓝、越冬菜为前茬，地势高，排灌方便疏松肥沃的沙壤土田块。前茬作物收获后，及时翻耕晒土。伏耕 25～30 厘米，犁而不耙，如时间允许，可多晒几天，以消灭病原菌、杂草，提高土壤肥力。大葱要求施足底肥，可亩施优质农家肥 5 000 千克，磷肥 100 千克，二者能混合沤制最好，并可掺入尿素 10 千克，钾肥 10～20 千克。施肥方法是：在耕地前普遍撒施基肥总量的 1/3。根据品种特点按行距 50～80 厘米开沟，沟宽 30～40 厘米，沟深 20～30 厘米，翻出的土拍实作垄背，把余下 2/3 的基肥施入沟内，深锄沟底，使粪土混合，再在沟底靠沟壁一侧开 3～4 厘米深水沟，等候栽葱。

（3）定植要求 定植时，应严格选苗分级，起苗时，要小心抖掉泥土，多带须根，选苗时，淘汰伤残和病虫害严重的、不符合品种典型性状的苗子。起苗后不要堆放过厚过久，任其日晒雨淋，易造成发热腐烂。要做到随起苗随分级随移栽，采取流水作业，协调配套，使葱苗移栽时保持较好的新鲜状态。

为了方便田间管理，争取高产，要随起苗随分级（根据选用品种典型性状，按苗子的大小、高矮和粗细分成三级），一般株高 80 厘米、单株重 100 克，葱白长 30 厘米，葱白粗 2 厘米，绿叶 6～7 片为一级苗；株高 65 厘米，单株重 100 克，葱白长 25 厘米，葱白粗 1.5 厘米，绿叶 5～6 片为二级苗；株高 50 厘米，单株重 22 克，葱白长 20 厘米，葱白粗 1.0 厘米，绿叶 4～5 片为三级苗。

选用一、二级壮苗是保证高产的前提。如采用小苗、弱苗等级外苗，即使移栽后加强肥水管理，也往往不如壮苗长得好。一、二级苗每亩用量约 1 000 千克，三级苗约 500 千克。

定植时应将同级别的苗栽植在一起，便于管理，在苗足情况下，可不用三级苗。其次应该掌握好栽葱技术。栽培一定要用新鲜苗，不用隔响和隔天苗，因萎蔫苗容易生软腐病等病害，造成缺苗断垄。定植前葱沟内底亩施 3% 辛硫磷颗粒剂 4 千克，或用 0.5% 的阿维菌素 800～1 000 倍液灌根，栽植前选用 90% 敌百虫 500 倍液蘸根，防治地下害虫及蓟马、葱蛆。

（4）适宜密度及栽植方法 群体密度是大葱高产结构的重要组成部分，其定植密度应以品种类型、苗子大小、株行距和是否间套种小麦等情况而定。一般中短白型、不套种小麦的行距较窄，密度较大。

中长白类型，要兼顾单株商品率、群体总产的经济效益需要，每亩株数一般为 15 000～20 000 株，以株距 3.5～6 厘米均可，若株距 4.8～5 厘米每亩 17 000 株较为合理。实践证明，当单位面积密度在一定范围内增加时，增产是显著的；但超过此范围增加，总产将减少，单株重递减，成本增高，效益减少。

其栽植法有干栽法和水栽法 2 种。

① 干栽法。挖沟后把葱秧按一定株距顺次排列在沟壁的一面，注意将葱叶平靠沟壁，若南北向开沟，应将葱摆在西侧；若东西向开沟，应将葱摆在南侧，这样可以减轻烈日暴晒，以利缓苗。葱苗摆好后，用手浅培土，随后再用锄培土，培土深度一般为 6～10 厘米，以不埋葱心为宜。栽后用锄推平拍实或踩实，栽后立即浇水一次，最好不隔响，否则，会因土壤温度较高、时间过长而造成烧苗。灌水后要及时中耕通气，早促根系发育，尽快缓苗。如遇大雨要及时排水中耕。这种方法简易省工，但葱白收刨时，葱白基部有个弯，这对鸡腿葱等品种虽无妨，但对长白型系列大葱，则有损外观，且不便打捆销售。

② 水栽（插）法。把选好的葱秧在垄背上每隔 1 米左右放 1 把（20～30 棵）。如果劳动力充足，可从地块中间开沟向两边插秧。沟中先浇水，等水渗下后，每隔 8～10 米有 1 人用剥了皮的杨树枝或铁条做成插秧棒来插苗。棒长 30～40 厘米，粗 2～3 厘米，顶端有一 V 形叉，有的上端有一模撑。多用左手拿苗，右手拿插秧棒，用叉顶住葱苗须根，趁沟底土壤湿软，将葱苗直插下去。如果土壤不暄软、吃水不透或葱的须根稀，则插不下去。插秧时还要求叶面与葱沟平行，以利田间管理。不同等级的苗，要栽在不同地块或分片定植，不可高矮并列、"老少同堂"，以便于管理。

栽植深度。高温多雨的夏季，特别是炎热的午间急降阵雨，或连日暴雨成灾，是导致葱根葱白腐烂的主要原因，俗称"沤根"。防止方法：除了选用健壮苗，不用伤残病虫苗，适时早栽，基肥适当少施，立即排水，或浇一遍深井凉水以降低地温外，更重要的是要适当浅栽。浅栽有利于根系透气，缓苗好，早发早旺。所以，适宜的栽植深度使管状叶的分叉处露出 10 厘米左右，并做到上齐下不齐，栽得直而整齐，单垄一线，葱叶向一面垂，不要全伏在沟壁上。

综上所述，大葱栽植要求做到深、大、早、浅、密，即深掘沟、用大苗、抓早栽、播浅些、栽密些。这是大葱高产的中心环节。

3. 定植后田间管理技术 从葱苗定植到冬前收获，历经130～150天，做好这个时期的田间管理是决定大葱高产与否的关键。大葱定植后田间管理，应以促进葱白的加长、加粗为主要目的。葱白是由叶鞘发育而成，叶鞘的数目和长度，直接影响大葱的产量和品质，强壮的根系和繁茂的管状叶是葱白形成的基础，因此，定植后大葱的田间管理措施主要是促根、壮棵和培土软化葱白等。

（1）追肥、浇水 大葱定植后，正值炎热季节，气温较高，大葱的地上部分和根系生理机能减弱，生长缓慢。此期的管理中心是：一般不宜浇水，应加强中耕除草，疏松表土，蓄水保墒，以促进根系发育。为了使大葱的根系发育更好，在浇缓苗水中耕后可在定植沟内铺约5厘米厚的半腐熟麦糠，以增加土壤透性。据生产试验，一般铺麦糠后比露地的地温低2～4℃，有利于大葱的正常生长。另外，还能防止土壤板结，降低土壤水分蒸发，减少浇水次数。夏季阵雨、暴雨盛行，对土壤有淋洗冲击作用，会使培土浅的葱苗根部裸露，如用麦糠覆盖可以较好地加以保护，并能防止水滴的反溅，阻隔土壤中的病原菌上染植株，利用自身特性，在空气湿度大时发挥吸湿作用，降低植株下部的高湿环境，减少大葱紫斑病、锈病、菌核病等真菌类病害的发生危害，有效阻止葱蛆成虫产卵，从而减少葱蛆危害。麦糠覆盖还能使土壤水分适度，施入肥料分解快，而反硝化作用减弱，呈易吸收状态，长期增加肥效，立秋后封沟培土埋入土层内，自身也能起到增肥作用。定植后如遇大雨，沟内积水过多，会导致烂根和死苗，要注意及时排水。

立秋后至10月中旬，天气逐渐凉爽，阳光充足，昼夜温差大，适宜大葱生长，是大葱管理的重要阶段。此时，追肥、浇水、培土应相互配合。第一次追肥、浇水应从立秋（8月上旬）开始，亩追施腐熟的农家肥5 000千克，并适当配施尿素10～20千克，施后浇水，促进肥料分解。第二次追肥在处暑（8月下旬）进行，每亩追尿素15～20千克、草木灰50千克、饼肥50千克或钾肥5～10千克，采取沟施，浇水，平垄。此期遇雨要及时排水，以免沤根软腐。第三次追肥，在白露（9月上旬）以后，此时雨季已过，空气湿度小，气候凉爽，昼夜温差大，大葱开始旺盛生长，进入鳞茎膨大盛期，是肥水管理的关键季节，每亩可顺沟随水冲施人粪尿1 000千克，并掺入尿素15千克、磷肥50千克、钾肥5～10千克，浅培土。第四次追肥在秋分（9月下旬）后进行，每亩追施尿素15～20千克，高培土浇水。此外，在白露前后，每亩叶面喷施0.5％磷酸二氢钾溶液50千克，每7天喷1次，连喷2～3次，有显著增产效果。在白露至秋分期间，植株生长旺盛，需水量大，这时要掌握勤浇水的原则，经常保持土壤湿润，以满足葱白生长的需要。霜降（10月下旬）后，天气日渐冷凉，叶子生长缓慢，叶面蒸腾量减少，应逐渐减少灌水，收获前1周停止浇水。

（2）培土　培土是软化叶鞘，增加葱白长度的有效措施，鳞茎的伸长是叶鞘基部分生带细胞的分生和叶鞘细胞伸长的结果，而叶鞘细胞的分生和伸长需要黑暗、湿润的条件，并以营养物质的流入和贮存为基础，因此，在加强肥水管理的同时，需要分期中耕培土。但是中耕培土必须在葱白形成期进行，否则容易引起根和植株的腐烂，培土要根据苗龄大小逐渐加厚，在立秋、处暑、白露和秋分4个节气结合追肥、浇水分别进行，每次培土厚度均以培至最上叶片的心叶处为宜，切不可埋没心叶，以免影响大葱的生长。培土须在上午露水干后，土壤凉爽时进行。

4. 适时收获贮藏　大葱收获期因品种特性和地区气候条件而有早有晚，一般立冬前后（11月上旬）大葱产品已经长足，外叶生长基本停止，叶色变黄绿，气温降至6～8℃。经常是几次严霜之后，在土壤封冬前15～20天为大葱收获适期，应立即收获。收获过早则大葱不耐贮藏，葱白不充实；如延期收刨，会因植株生长停滞，而导致"回头"，降低产量。有的年份还会因气温剧降，上了大冻，而影响收刨。短白型大葱培土浅，收刨容易，长白型则葱白长，培土深，可用长约45厘米、宽4～5厘米的窄条镢，贴近葱棵一侧，用力向下开沟深掏，镢尖掏到根茎以下，向上一扳，垂手取出大葱。有经验的葱农一般一两镢刨一棵葱，顺序向前，下镢要准，用力要稳，以减少不必要的损失。

刨出来的大葱先抖去葱白上黏着的泥土，轻放，铺成行。晾干水分以后，用稻草捆成把，每把20～25千克，运到事先打扫好的场院里，尽可能贴南墙冷凉的地方，每3～5捆成一行，竖放，行向南北，行长不限，行间距1米左右，以利通风和检查。如果堆放数量大，待销时间长，应每隔几天倒一次堆，散散热量和水汽。气温越高越要倒堆，必要时还要解捆摊晒。如遇雨雪，应及早用草苫、苇席覆盖，以免雨水渗入葱中，造成发热腐烂。如有条件或数量较少，可贮放于敞棚下或通风的大屋里。大葱的贮存，要掌握宁冷勿热的原则。在自然条件下，露天贮存最好在1～3℃，这样可放到翌年春季发芽，既不受热也不受冻，可随时出售。

大葱冬藏：秋葱于霜降至小雪期间收获后，应放在房子北面荫处晾2～3天。当叶打蔫、叶鞘（葱白外皮）显干时，可按20～30棵打捆，就地堆一土垱，高度根据葱白高矮而定，把捆葱挨土垱立放或斜放，捆与捆之间隔开，灌些湿土（湿的程度以手攥成团，落地即散为宜），把捆葱囤完，四周用土围住，围到葱五叉股处即可。葱不怕冻，不用覆盖。即使植株结冰，只要白天晒晒，或放在微温的地方，也能缓醒，切忌高温或热水速化。出售时，从一头扒开，把葱拿出抖掉泥土，若冻了，可放在不生火的屋内解冻后再行出售。

作为商品，短葱白型大葱，只需捆一道草绳；长葱白型大葱，一般10千克捆一捆，远销时，需要自心叶以上约10厘米处铡去绿叶，顺理整齐，于葱白两端捆两道草绳。有的不铡绿叶，连同绿叶上部捆一道，要捆三道草绳，使之露出又长又白的葱白。

大葱收获以后，需要立即清理田间，拾净残叶，整地施肥，种晚茬麦或留作春地。若是提前套种小麦的田块，应搂净盖于套种麦苗上的泥土，填补葱垄的空隙，拍细土块，扶脊踏实，随即为小麦浇封冻水，保苗越冬。

（九）青葱栽培技术

青葱是以管状叶为主要产品的葱类。对栽培季节要求不甚严格。

除严冬酷暑外，均可随时播种。根据不同播期与茬口安排，主要分为小葱、伏葱和羊角葱。

1. 小葱 小葱以鲜嫩幼苗为产品。因播期不同，分为春葱和白露（或秋分）葱。

（1）春葱 播种期多在3月下旬，若采用地膜覆盖可稍提前，播前应精选良种，做好种子处理工作，并施足底肥，精细整地，出苗后以促为主，使秧苗迅速生长。具体栽培技术可参照大葱育苗要求，一般在6月上旬陆续上市供应。

（2）白露葱 在华北地区，秋播多在白露以后，一般称为白露葱。播种及管理方法基本与大葱秋育苗相同。但作为小葱用的白露葱播种较密，不必分行间苗，也不必蹲苗。翌春浇返青水后，需要加强肥水管理，一促到底。此葱生长迅速，品质鲜嫩，5月上旬后可陆续上市供应。也可采取畦栽撮葱或栽沟葱方式种植白露葱幼苗，加强肥水管理，促其继续迅速生长，待白露葱供应结束后，根据市场情况随时收获供应。

2. 伏葱 一般在7月下旬到8月上旬播种，采取平畦撒播，每亩播种量为4～5千克，施肥、播种等栽培技术参照半成株繁种技术，但不移栽，播后7～8天齐苗，然后浇一小水，而后适当控水，随着天气转凉，追肥1～2次，幼苗越冬前，葱苗较大，注意防寒保苗。翌春返青后加强管理，在部分植株抽薹时，应立即收获上市供应，以免叶身老化和花薹膨大，影响产量和品质。

3. 羊角葱 羊角葱具有辛辣味，有杀菌、预防风湿及防治心血管病等药效，可生食、炒食和凉拌，又是菜肴常用调料，是早春上市最早的青葱，对市场供应有着极重要的作用。

（1）选用良种，适期播种，育好壮苗 选用良种是基础，以苗期生长快、春季返青早的品种为宜。播前造墒，施足底肥，并进行种子处理，在豫北地区以4月下旬至5月中旬播种为宜，每亩用种量为1.5～2千克。播种覆土后注意防草，每亩可用33％除草通乳油80～120毫升、或50％扑草净可湿性粉剂75～100克、或50％异丙隆可湿性粉剂150～200克，兑水40～50千克进行土壤处理，防治杂草。出苗后及时管理，干旱浇水，遇涝排水，并及时间苗、治虫、防病、除草。当苗长至 2～3 片叶时结合浇水亩追磷酸二铵 10～15 千克。

(2) 分级移栽，精细管理 8 月上旬开始移栽，起苗后，首先剔除病苗、弱苗、残苗和杂株（也可选用秋大葱栽剩的三级苗），然后按大小把葱分为一级、二级和三级。施足底肥，合理密植，由于羊角葱生育时间长，故要施足基肥，一般亩施 5 000 千克以上优质有机肥，并施磷酸二铵 25 千克。定植前，用 10％噻虫胺＋10％虫螨腈悬浮剂 1 000 倍液，喷洒植株根部，用来防治病虫害。一般行距 40～60 厘米，株距为 1.5～2 厘米，一、二级苗每亩 55 000 株，三级苗 55 000～60 000 株。缓苗后，结合中耕除草、浇水施肥，逐步把葱沟填平，于白露、秋分、寒露、霜降分 4 次培土，每次培土以不埋没心叶为度。翌春 3 月上旬露芽灌水后及时培土，将枯叶片盖严，使长出的新叶鲜嫩、粗壮。

(3) 增施硼肥，防治病虫害 硼能加速羊角葱内碳水化合物的运输，促进氮素代谢，增强光合作用，改善有机物质供应和分配，增强其抗病能力。一般在定植缓苗开始时和缓苗 10 天后，以及早春萌芽后 10 天，分别用 0.5％～1％的硼砂或硼酸溶液喷洒叶面，可增产 10％～18％。

(4) 适时收获及时上市 在翌春 3～5 月，根据市场需求，随时收刨鲜葱。收刨前 5 天停水，收刨时，刨开培土的一侧，露出葱白后轻轻拔起，抖去泥土，每 5～10 千克捆成一捆上市，花薹老化前收完。羊角葱生长期较长，生产中多数不专门育苗，可将秋播越冬葱秧（或当年春播）的弱苗留作生产羊角葱的秧苗，在 6 月下旬前密植定植，一般行距 30～50 厘米，株距 2～4 厘米，每亩 45 000～57 000 株，秋季结合中耕培土适当追肥，冬季采取必要措施防冻，第二年早春返青后即可上市供应。

（十）韭葱栽培技术

韭葱为百合科葱属多年生蔬菜，以食用嫩苗、假茎或花薹为主。适应性强，病害少，产量高，是冬春季蔬菜。韭葱以其叶扁似韭或蒜，而假茎形似大葱或鸡腿葱，口感更像大葱味而得名。

1. **整地施肥** 选土层深厚、肥沃、排灌方便的田块种植。亩施优质农家肥5 000～1 000千克。深翻23～33厘米，耙碎整平，做成平畦。

2. **播种育苗** 韭葱的育苗田面积与栽培田面积比例为1∶10，每亩育苗需种子3～4千克，直播约每亩需2.5千克。韭葱适应性广，能春、夏、秋三季播种育苗，一般多在春、秋播种。灌水渗地后撒播种子再覆土，或开沟条播种子均可。豫北地区一般以3月下旬至4月底前后播种，也有9月中下旬播种育苗的。一般多用平畦，灌足底水，待水下渗后，可撒播干籽或经过浸泡催芽的种子，再覆细土1厘米，出苗前后，保持苗床湿润。

3. **定植** 依据茬口，施肥耕翻整平后，60多天的苗即可分栽定植。收青葱者，宜栽密些，小苗收获行株距为4厘米×4厘米，或7厘米×7厘米；大苗收获行距15～20厘米，株距4～6厘米，如果以收薹为主，则行距20～30厘米，株距10～15厘米；成行开沟种植或直播种子，培土软化假茎的，行距则不宜过窄，一般应在25～30厘米。

4. **田间管理** 为促使植株加快生长，提高产品质量，追施肥料很重要，除夏季少施粪肥外，春、秋季节，必须保证韭葱不缺肥。一般灌水随追肥2～3次，共追粪肥约3 000千克。当幼苗长到2～3片叶时，要注意间苗，间苗可移栽它处，韭葱喜湿润怕干旱和雨涝，故无论苗期或生长期间，均要保证土壤湿润不干裂，注意中耕除草保墒。如培土软化，应坚持少量多次原则，以防培土过多影响韭葱生长。

5. **收薹及韭葱收获** 定植过后，以单株为主的韭葱，当葱株长成可依据市场情况收获上市，或可灌足封冻水后，防止干旱，露地越冬；也可覆粪肥保护或挖出贮存，翌年再栽。一般4月中下旬开始抽薹，5月中上旬可采抽花薹，也可于4～5月整株出售。

二、韭菜生产关键技术

韭菜原产我国，是一种典型的多年生宿根性蔬菜。由于它既耐寒又耐热，有广泛的适应性，因此，在我国南北各地均普遍栽培，春、夏、秋、冬均可生产，周年都有多种产品上市供应，对调节市场供应起着重要作用。韭菜食用部分较多，叶、茎、薹、花、根均可食用，其产品多鲜嫩，营养丰富，维生素含量很高，特别是维生素 A 含量丰富，还含有纤维素以及其他矿物质。其中，胡萝卜素含量仅低于黄胡萝卜，纤维素略低于豆类。韭菜遮光软化栽培后，营养含量降低，但色艳味美，脆嫩，口感好。韭菜是人们生活中食用量较大的上等蔬菜，具有广阔的生产前景。

（一）韭菜的生物学特性

1. **根** 韭菜的根系为弦线状须根，没有明显的主侧根之分。从盘壮短缩茎的基部和边缘长出须根，构成须根系，须根呈弦线状，每棵韭菜有 40 条左右。韭菜根系比其他葱蒜类蔬菜根系分布略深，可达 30～60 厘米，抗旱耐寒，但高温高湿条件下易腐烂。根系的寿命较长，其寿命的长短与管理水平的高低有关，一般 2 年后逐渐衰亡。韭根除具有支撑和吸收功能外，还有贮存营养的功能。在生育期间新老根系的更替，有逐年跳根的特性。韭菜根系主要分布在 1～30 厘米深的土层中，吸收能力较弱，在土壤肥沃，养分充足，保肥保水功能强的土壤中生长发育较好。在漏水漏肥的沙性土壤上栽培时，要多施有机底肥，追肥要少量多次，并注意防旱。

2. **茎** 韭菜的茎分为营养茎和花茎。

营养茎是长在地下的短缩鳞状茎，1～2 年生的茎形状呈盘状，又称鳞茎盘。鳞茎盘着生有大量的分生组织，向下分生根系，向上分生叶片、蘗芽和花器官，决定着整个植株的生长发育状况。上端着生顶芽，下端着生根系。顶芽不断分化新叶，随着植株年龄的增加，老叶片不断死亡，新叶片的不断生成，营养茎逐渐向地表延伸，上移后留下叶片的着生痕迹，似球形，称为鳞片（叶鞘的残存物），因此，营养茎也称作鳞茎。鳞茎的组织坚硬，为养料储藏的重要器官，也是幼苗再生的主要组织。随着生长，鳞茎不断增多，并且不断发生分蘗，而形成权状分枝，故又称之为根茎。根茎上移是引起跳根的重要原因。根茎生活 2～3 年后，即逐渐腐朽，失去生理机能。

韭菜在具有一定营养生长基础和经过低温春化和长日照条件下，顶芽便可分化出花芽，花芽不断伸长，增粗、抽薹。抽出的韭薹称为花茎，其顶端着生伞状花序，进而开花结籽。品种不同，花茎的高低粗细颜色也各不相同，抽薹期早晚也不同，最早 4 月，最晚 9 月。韭菜的鳞茎是叶、花、茎和根的分生器官，又是营养的主要贮藏器官。鳞茎的大小、肥壮程度是韭青、韭黄、韭薹、韭种高产的决定性因素。尤其对冬春保护地栽培的韭菜，其对寒冷的抗性，长势的强弱，质量的高低，具有更重要的作用。所以，韭菜的水肥管理和病虫防治应围绕着如何增大和肥壮鳞茎狠下功夫。

3. 叶　韭菜的叶由叶鞘和叶片组成。叶簇生，单株叶片数 4～9 片。叶鞘圆筒状，层层抱合成筒状假茎。假茎长 5～23 厘米，内部叶鞘全部呈白色，最外层叶鞘因品种、温度、光照等条件的不同而呈现不同颜色。一般露地养根期，在高温、强光照的条件下，假茎的最外层叶鞘呈次绿色；早春或晚秋低温环境下，因品种不同呈现淡绿色或紫红色；在保护地栽培时，高温、强光照条件下呈绿色，低温弱光条件因品种不同呈淡绿色、黄色、紫红色；在遮光的条件下全部变至白色。叶鞘的横截面积因品种不同而粗细不等，有圆形和扁圆形之别。叶片狭长而扁平，色泽与宽窄因品种而异，一般窄叶型品种平均叶宽约 0.5 厘米，宽叶型品种平均叶宽 1 厘米，最宽叶片可达 2.4 厘米。韭菜叶身长度 30～40 厘米，最长可达 50 厘米以上。色泽能随光线的强弱、温度的高低呈白、黄、绿色，高温弱光呈淡黄色至黄色，高温强光照呈绿色，低温弱光照呈紫红色，遮光条件下呈黄色，暗光下呈白色。叶表面着生蜡粉，能减少水分蒸发。

叶是韭菜供应市场的主要产品，叶片肥大、鲜嫩、美观、味浓而香，营养丰富，是优质的主要标志。除品种以外，达到上述要求主要靠栽培管理，尤其是光照和温度的调节。高温强光照，则纤维素增多，叶子老化，不堪食用。弱光照，叶子鲜嫩。低温弱光照，韭叶艳丽、脆嫩、味浓而香。

4. 花　韭菜为异花授粉植物，其花着生在花茎顶端，未开放前由总苞包裹，其中有小花，开放后形成伞形花序。每个花序从开始开花至终了需 20 天左右，小花朵由外向里逐次开放，这一开花结籽特性导致种子成熟期很不一致。

韭菜花白天、夜里均可开放，但以白天为主，夜里开放很少。在日出至日落间的开放数占每天开花总数的 76.2%，其中每天上午开放的花数占全天开花数的 50%。花朵开放时，是一个瓣一个瓣地翘起，不是所有的花瓣同时翘起。花瓣全部开放所需时间短的 1 小时，长的可达 12 小时左右。同一朵花内雄蕊成熟较早，雌蕊成熟较晚。雄蕊的花药，只在白天开裂散粉，夜间停止，雌蕊的柱头在开花后 28 小时左右膨大为球状并有黏液出现，此时极易受粉，96 小时后柱头衰老，受粉结实率很低。韭菜不同品种间很容易杂交，所以，不同品种的制种田要隔离 2 000 米以上。同一品种也要经常提纯复壮，以保持种性。

5. 果实和种子　韭菜的果实为蒴果，三棱形，由三片膜分成三室，每室含有 1～2 粒种子。当果实成熟时开裂，种子散落。种子黑色，呈盾形扁平，千粒重 3～5 克，韭菜种子的寿命较短，常温贮存寿命不足 1 年，生产上常用当年的新种子。低温冷藏有利于延长种子寿命，−4℃低温冷藏，韭菜种子寿命可延长 2～3 年，这对于延长种子寿命、服务农业生产具有重要意义。

6. 分蘖　当幼苗的顶芽长出 5～8 个叶子后，其上位侧芽开始萌发，逐渐发育成新的单株，形成第一次分蘖。当第一次分蘖后的植株有了一定的生长量并生长健壮，营养充足时，生长点停止分化新叶，被抑制的一个或几个侧芽萌发，分化各自的叶原基并发育成新叶。随着叶子的迅速增多、长大，继而分化和形成自己的根系。当新株的生长量达到一定程度，就会胀破包裹着它的老株叶鞘，形成独立的新株，再次完成新的分蘖。

春播一年生韭菜，当年秋季长出 5～6 片叶时，就可发生分蘖，以后逐年进行。二年生以上的韭菜，每年分蘖的次数和多少受多种因素影响，随机性比较大，但分蘖时间具有明显的规律，每年分蘖 1～4 次。春季 3～6 月和秋季 8～11 月两个时期，既是韭菜营养生长的两个高峰期，又是韭菜的两个分蘖高峰期。分蘖是韭菜的一个重要生物学特性，属营养生长范畴，可利用其进行无性繁殖，保纯优良的种性。

7. **跳根** 韭菜的分蘖是从鳞茎上端的顶芽产生的，新株的根系在老根系的上部。随着分蘖次数的增加，老鳞茎和根系不断死亡，新鳞茎和根系随之呈层状向地表上移，这种现象称为韭菜的"跳根"。跳根的次数与分蘖次数相等，一次跳根的高度与栽植的深浅有关，栽得深，则一次跳根的高度大，反之高度小。一般每年上跳 1.5～2.0厘米，随着跳根鳞茎和根系逐渐接近地面，根系的吸收能力减弱，抗性降低，长势衰弱，产量降低。生产上每年要在春季韭菜收割后，随即在韭菜上部覆土杂肥或肥沃土壤 1.5～2.0 厘米，以适应根系跳根的需要，达到养根壮苗、肥大鳞茎的目的。韭菜种植 3～4 年后，韭菜跳根和根系上浮已经相当严重，即使培肥培土能延缓跳根影响，但培土过高，不仅培土培肥困难，而且又会给肥水管理带来不便，因此，为彻底解决跳根产生的负面影响，必须及时更新。

连续栽培 4～5 年或以上的韭菜，因多次跳根，老鳞茎和根系不断死亡，畦面因连年覆土不断上升，畦土板结，透气性差，营养降低，所以，要挖出韭菜根系，去掉二年以上的鳞茎和根系重新栽植。这一措施称为"倒畦"。倒畦能保留优良品种的种性，合理密植，肥根壮秧，继续丰产。在一般管理条件下，经过 7～8 年后，植株便呈衰老现象，在精细的管理下韭菜寿命可长达 20～30 年之久。但由于植株老化，生长能力减弱，仍然没有及时更新换代的韭菜产量高。

8. **生育周期** 韭菜为多年生宿根性蔬菜，生长周期包括营养生长和生殖生长两个阶段。从种子萌动到新一代种子成熟的生育周期可分为营养生长和生殖生长两个阶段。营养生长包括发芽期、幼芽期、分蘖生长期；生殖生长包括抽薹期、开花期和种子成熟期。

（1）发芽期 从种子萌动到长出第一片真叶为发芽期。子叶依靠胚乳里贮藏的养分呈弓形出土，然后伸直，同时胚根伸出种皮，长成第一条新根。此期约需 10～20 天。播种时要注意土壤水分必须充足，覆土要薄并保持疏松潮湿状态，以利出芽，一般覆土厚 1.0～1.5 厘米。

（2）幼苗期 从第一片真叶显露到具有分蘖能力前为幼苗期。此期历时 60～90 天。一般生长出 5～7 片叶，10～20 条根，苗高 18～20 厘米，即可定植。此期地上部生长缓慢而根系生长较快，生产上要特别注意防除杂草和适时浇水，特别是幼苗前期要勤施肥水，促其生长，4～5 片叶后，要控水蹲苗 5～7 天，然后移栽。移栽时不要浇水取苗，要泼水湿润土壤，随后取苗，以防损伤因浇水次日长出的新根。

（3）分蘖生长期 从第一个蘖芽分化到花芽分化称为分蘖生长期。当植株经过短期缓苗后，逐渐进入生长盛期，根系迅速增多扩展，叶片增多，分蘖加快。分蘖的快慢主要取决于品种，长势的强弱主要决定于肥水管理。一般经过夏季、秋季二次分蘖高峰后，冬季进入休眠，翌年春季再经过一次分蘖后，即开始分化花芽。生产上此期要加强肥水管理。

入冬以后，在外界气温逐渐下降到－5 ℃时，地上部枯萎，植株被迫进入休眠。当地上部受低温影响不能再继续生长时，便将叶部所制造的养料，转运至鳞茎贮藏起来，待翌春再用贮藏的养分供萌发生长。人们掌握了这一特性，采取了秋季培育韭菜、冬季进行保护地栽培的措施，在严冬季节也能获得鲜嫩的产品。

（4）抽薹期 有一定生长量做基础的韭菜经过低温和长日照后才能抽薹。抽薹期早晚和群体抽薹期的长短主要取决于品种，抽薹期从花芽分化到花薹成长、花序总苞破裂为薹期较早的在 4 月，最晚的 9 月，弱小植株不能抽薹，健壮植株能抽 2～3 根。抽薹时营养集中于花薹生长，分蘖停止。除留种田外，趁花薹脆嫩，于清晨拿去，以利于养根壮苗。

（5）开花期 从花序花苞破裂到整个花序开花结束为开花期。韭菜花序小，但花期长。单株韭菜从花序中第一个小花开花，到最后一个小花凋谢，历时 20～30 天。韭菜开花不一致，导致种子不能同时成熟，可以分期采收。

(6) 种子成熟期 从整个花序中第一朵小韭花的雌蕊受精结束到整个花序种子成熟为种子的成熟期。一般历时 30～60 天，总花序中的一朵小花从雌蕊受精结束到种子成熟历时 30 天左右。种子的成熟标志着韭菜生育期的结束。

其采收期因品种而异，早的 6 月，晚的 10 月。种子采收后，植株又转入营养生长，二年生以上的韭菜其营养生长和生殖生长交替进行，并有一定的重叠性。

（二）韭菜对环境条件的要求

1. **温度** 韭菜属耐寒性蔬菜，对温度的适应范围较广，喜冷凉，耐霜冻，不耐高温。在我国各地普遍栽培，南方地区可四季生长，北方地区则冬季地上部枯萎，根茎在土壤保护下休眠。通过休眠的韭菜叶片，能耐 −6～−5 ℃ 的低温，叶片经 −6 ℃ 的低温冻僵后，若在解冻前不被其他物品碰撞，则能随温度的逐渐升高而解冻，恢复正常生长。若被其他物体碰撞，解冻后易腐烂。保护地中的韭菜，30 ℃ 以上叶子生长迅速，但质量降低，味淡，易萎蔫；超过 40 ℃，叶子受害易破裂、脱落，叶肉变成烂麻状，触及覆盖薄膜的叶尖易失水干枯，不再旺长，进入休眠状态。春季日均温 3～4 ℃ 才返青生长。韭菜发芽的最低温度是 2～3 ℃，最适温度是 15～18 ℃，生长适温是 18～24 ℃。露地条件下，气温超过 24 ℃ 时，生长缓慢，超过 35 ℃ 叶片易枯萎，极易腐烂。高温、强光、干旱的条件下，叶片纤维素增多，质地粗硬，品质低劣，甚至不能食用。保护地条件下，高温、高湿、弱光照，韭菜叶片的纤维素无明显增加，品质无明显下降。

韭菜的鳞茎和根系耐寒性强，进入休眠期的韭菜鳞茎和根能耐 −40 ℃ 的低温，不需防寒设备就能露地越冬。但解除休眠并收割过的韭菜，因鳞茎和根系营养大部分损失，其组成的化学成分也发生了很大变化，变得很不耐寒，地下 5 厘米地温在 0～3 ℃ 时就足以把韭菜冻死。所以保护地韭菜在深冬或早春收割后仍要覆盖保温，以防冻害。

2. 光照 韭菜原产我国北方地区，属长日照植物。但由于长期生长在背阴之处，对光照强度的要求适中，光照过弱或过强都不利于韭菜的生长。因此，韭菜喜中光长日照。光照过强影响光合作用和营养积累，生长受抑制，叶子纤维增多，叶肉粗硬，味淡而辣；光照过弱，同化作用减弱，植株养分不足，则叶片发黄变小，分蘖少，产量降低，但叶片含水分多，纤维少而细嫩，味道、色泽、口感都好，食用品质提高。适中的光照强度和较长时间的光照，能使叶色浓绿、肥壮、长势强、产量高、品质好并能抽薹，利于开花结籽和根茎贮藏养分。

3. 水分 韭菜为半喜湿蔬菜，叶部表现耐旱，而根系表现喜湿。因而韭菜怕涝，喜湿润土壤和较低空气湿度，70％～80％的土壤湿度和65％～80％的空气湿度最适宜。韭菜的根系呼吸强度较大、喜氧，若土壤湿度过高，易使根系缺氧、腐烂，叶片发黄，影响当年或翌年生产，所以，韭菜怕涝。韭菜是以嫩叶为产品，且根系吸收力弱，要求土壤经常保持湿润，才能满足植株生长发育的需要。韭菜叶片扁平、细瘦，表面覆有蜡粉，角质层较厚，气孔深陷，水分蒸腾较少，属耐旱生态型，又适于较低空气湿度。空气湿度过大，则容易烂叶，特别是在幼芽出土、幼苗期及旺盛生长期均要特别注意保持土壤湿润。

4. 土壤肥料 韭菜对土壤的适应性较广，是喜肥耐肥作物，无论黏土、壤土或沙土均可栽培，且对盐碱地也有一定的抵抗力，但在耕层深厚、土壤肥沃的壤土中栽培最好。沙质土易脱肥、干旱，韭菜长势弱；土壤黏重，易干裂，排水不良，透气性差，夏季易烂根。韭菜是喜肥蔬菜，对土壤营养要求较高，但吸肥量居中。韭菜以吸收氮肥为主，以磷、钾肥及其他微量元素肥料为辅。在移栽时宜重施基肥，以优质有机肥为主。施化肥时注意氮、磷、钾配合，并酌情施用锌、铁、硼微肥。秋季韭菜旺长，营养回流积累阶段和遭受虫、病害后，宜进行叶片追肥。冬春保护地生产，覆盖后，要严格控制挥发性氮肥施用量，以防氨气危害。保护地栽培时，应注意增施 CO_2 气肥。

（三）韭菜类型与优良品种介绍

我国韭菜品种资源十分丰富，按其食用部分不同而分为根韭、叶韭、花韭和花叶兼用四种类型。现在生产上采用的品种多数属于花叶兼用种，有少量薹韭。另外，以其叶片的宽窄可分为宽叶韭和窄叶韭两类。一般宽叶韭叶片宽厚，色泽浅绿或绿色，纤维较少，品质好，产量较高，但香味稍淡；窄叶韭叶片细长，叶色深绿，纤维稍多，香味较浓，分叶多，叶鞘细高，不易倒伏，耐寒、耐热性均较强（视频6）。

视频6
韭菜新品种介绍与栽培要点

1. **航研998**　河南省平顶山市农业科学院通过太空诱变选育而成，株高60厘米以上，株型直立，生长势强，叶片肥厚，叶色浓绿，商品性状好。最大单株重43克，平均单株重17.8克，单株叶片数6～7个，平均叶宽1.2厘米，最大叶宽1.8厘米，平均鞘长10.7厘米，年单株分蘖7个。夏季耐热，冬季抗寒，不休眠，黄淮地区露地栽培地上部2～4片青叶越冬，抗韭菜灰霉病。适于秋延后栽培、越冬设施栽培和露地栽培。露地栽培年收割6～7茬，单茬亩产量约2 500千克；保护地栽培，春节前后可收获3～4茬，亩产量8 000千克以上。

2. **韭宝**　河南省平顶山市农业科学院选育而成。该品种株型紧凑，直立性好，株高55厘米以上，叶色深绿，叶片宽大肥厚，平均叶长40厘米，平均叶宽1.2厘米，叶片厚度0.28毫米以上，叶鞘长10厘米以上，横断面椭圆形，鞘粗1厘米左右。植株生长势强，生长速度快，每茬韭菜收割后生长前期叶色嫩绿，随着生长时间延长叶色越来越浓，收割时为深绿色。分蘖能力较强，一年生单株分蘖6～7个，二年生单株分蘖16个以上。商品性状优良，品质较优，高抗韭菜病毒病、锈病，较抗灰霉病和疫病，耐寒性极强，适宜栽培范围广，尤其适宜东北、西北及高寒地区保护地或露地栽培。

3. **绿宝**　河南省平顶山市农业科学院选育而成。该品种株高约53厘米，叶簇较紧凑，直立性较好，宽长条形，叶深绿色，叶肉丰腴肥厚，不干尖，叶长 38 厘米左右，叶宽 1 厘米左右，叶背脊不突出，叶端钝尖，叶片宽大肥厚，平均单株叶片数 6～7 片，叶椭圆形，粗壮，叶鞘长约 12 厘米，鞘粗约 1 厘米，平均单株重 9 克，最大单株重 41 克。分蘖力中等，一年生单株分蘖 5～6 个，二年生单株分蘖 15 个左右，生长势强，露地栽培年收割 6～7 茬，每亩年产鲜韭 13 000 千克，早春保护地栽培可收割 3～4 茬，每亩地每茬产 2 000 千克左右。半休眠型，较抗灰霉病和疫病，适宜早春保护地栽培或露地栽培。

4. **棚宝** 河南省平顶山市农业科学院选育而成。该品种株高 52 厘米以上，叶簇较开展，叶端斜生，宽长条状。叶深绿色，叶肉丰腴肥厚，叶长 39 厘米左右，叶宽 1 厘米以上，叶背脊突出，叶端锐尖，叶片宽大肥厚，单株叶片数 6～7 片，叶鞘圆形，粗壮，叶鞘长 13 厘米，鞘粗 1 厘米左右。平均单株重 10 克，最大单株重 43 克。分蘖能力中等偏弱，一年生单株分蘖 4～5 个，二年生单株分蘖 10 个左右。抗热性强，夏季无干尖，6 月中下旬开始抽薹，7 月上中旬为抽薹盛期，花薹深绿色，薹粗 0.6 厘米左右，薹高 70 厘米，花序大，小花数多，两性花，花期较长，花粉量较少。青韭辛辣味浓，深受生产者和消费者喜爱。该品种在华北地区露地栽培时，冬季基本不回秧。黄淮地区露地栽培，冬季在月平均气温 3 ℃、最低温度 −7.5 ℃时，新生的 2～3 片新叶仍以日平均 0.7 厘米的速度生长，稍加覆盖，就可以进行保护地生产。高抗韭菜灰霉病、锈病和疫病，对韭蛆有一定的抗性。生长速度快，在适宜的温、湿、光、气等条件下，日平均生长量达 1.8 厘米；抗寒性强，冬季基本不休眠，越冬保护地栽培耐弱光，低温条件下生长速度快，一般每年可越冬生产 3～4 茬，每亩产青韭 6 000～7 000 千克；露地栽培年收割青韭 11 000 千克左右，效益显著。适合全国各地越冬保护地或露地栽培，适合黄河以南地区初冬、早春露地栽培。

5. **赛松** 河南省平顶山市农业科学院利用培育出的雄性不育系 274 - 9A 为母本，以纯化的优良自交系 871 为父本进行杂交培育成功的抗寒性极强的韭菜一代杂交种。该品种株高 50 厘米左右，叶簇直立，叶端向上，宽条状，生长势强而整齐。叶色浓绿，叶长 38～40

厘米，平均叶宽 1 厘米以上，最大叶宽 2.3 厘米。叶鞘短而粗壮，鞘长 7 厘米左右，横断面圆形。平均单株重 10 克，最大单株重 40 克。分蘖力强，一年生单株分蘖 8 个以上，三年生单株分蘖最多可达 40 个。叶片鲜嫩，品质好。抗寒性极强，冬季基本不休眠，在月平均气温 3.5 ℃、最低温度−6.1 ℃的条件下，新叶仍以日平均 0.7 厘米的速度生长；当月平均气温 4.8 ℃、最低气温−4.8 ℃时，新叶日平均生长速度达 1 厘米。对灰霉病、疫病抗性强，产量高，一年收割 6～7 茬，可收获青韭 10 000 千克左右。适合全国各地露地或越冬保护地栽培。

6. **平丰薹韭王**　河南省平顶山市农业科学院育成的叶薹兼用型品种。以收获韭薹为主，亦可收获部分青韭。叶簇较披展，叶端斜生，宽条状，生长势强。株高 50 厘米以上，叶宽 0.9 厘米左右，叶色浓绿色，叶端锐尖，叶条半扭曲状，叶背脊凸起。鞘长约 4.9 厘米，鞘粗约 0.68 厘米。韭薹长而粗壮，高约 55 厘米，单薹重 10 克。含纤维素少，色泽翠绿，口感鲜嫩，风味佳，是高档鲜嫩蔬菜。耐寒抗热，植株分蘖力强。4 月上中旬开始采收上市，一直采到 9 月下旬。5～9 月为采收盛期，每 2～3 天采薹一次，每亩年产韭薹约 2 000 千克。韭薹蜡质层较厚，一般比青韭耐贮 50～60 小时。该品种属冬季休眠类型品种，也可在早春进行青韭生产，在中原地区，一般 12 月上旬用塑料小拱棚覆盖，扣棚后 50 天左右可收获一茬青韭。适合全国大部分地区露地或早春保护地栽培。

7. **791**　河南省平顶山市农业科学研究所育成。单株重 5 克以上，最大单株重 40 克。抗寒性强，在−5 ℃仍能缓慢生长，故又称"雪韭"。一般自然株高 50～60 厘米，淡绿色，春季发芽早，早春气温回升到 2～3 ℃时，植株开始萌动生长，5 ℃以上生长速度加快，12～15 ℃是适宜生长期，25 ℃生长受到抑制。冬季回芽晚，−7～−5 ℃时，叶片才开始萎蔫，可经受−40 ℃的低温。抗寒、耐热、抗湿、生长势强，分蘖力中等。叶丛直立，叶尖钝，叶宽 1.0～1.4 厘米，假茎高 1.5～2.0 厘米。抽薹较晚，种子产量高，丰产性强，味淡，不耐贮运，是理想的晚秋和初冬上市的韭菜良种。

8. **CC 韭菜**　CC 韭菜系杂交系统选育而成的品种，株高 45～50

厘米，株丛直立，叶鞘粗壮，假茎椭圆形。叶片绿色，叶宽平均 1.2 厘米左右，单株平均 12 克。生长迅速，分蘖力强，抗叶霉病，耐热抗寒，冬季回根晚，春季发棵早。食味浓郁，连续收割不衰老。当日平均气温稳定在 12 ℃时即可播种，华北地区春播自南向北多为 3 月底至 5 月，直播亩用种 1.0～1.25 千克，育苗移栽苗床亩用种 5～6 千克，1 亩苗床可定植 3 亩。直播开沟播种，沟距 30 厘米，沟宽 15 厘米，沟深 15 厘米，两沟间起埂，拍实，然后按育苗方法播种。育苗可打畦播种，施足底肥，在畦面先浇水，水渗后先撒一层薄细土，防止种子沾泥，然后将种子均匀撒下。定植时将苗掘出，剪去先端须根，留 2～3 厘米长；将叶子先端剪去一段，留 5 厘米长。平栽行距 15～20 厘米，穴距 10～12 厘米，每穴 10～15 株；沟栽行距 40～50 厘米，穴距 25 厘米，每穴 20～30 株。深浅以叶鞘埋入土中为宜，栽后随即浇水。返苗后加强肥水等田间管理。

9. 雪青韭菜　河南省扶沟县蔬菜研究所选育。该品种株丛直立，生长迅速，分蘖力强，粗纤维少，味美辛辣，叶片宽厚，叶宽 1.5 厘米以上，单株重 40 克以上，高 60 厘米，高产、优质、抗寒、抗逆性强，在严寒的冬天仍可收割食用，每年割韭菜 10～11 茬。雪青韭菜秋冬回秧晚，温度低于 0 ℃，植株不枯萎，春季发棵早，2 月即可上市。也适应于保护地栽培，一般当年 3～5 月种植。吸收水肥量较多，在管理上应勤浇水，多施肥，保持割 1 茬韭菜至少施两次肥料浇两水，在封冻前 10 天浇 1 次大水，以保韭菜安全越冬。

10. 早发 1 号　早发 1 号因春季早发棵而得名。该品种叶片宽而肥厚，叶长 30 厘米，耐寒抗病，一般株高 50 厘米，单株重 7 克左右，分蘖力极强，一年生单株分蘖 7 个以上，3 年生单株分蘖 50 个左右，生长迅速，产量高。春季早发性突出，整齐度高，商品性好。辛辣味浓，耐贮性强。抗灰霉病和疫病。露地栽培亩用种 0.75～1 千克，保护地栽培亩用种 3～5 千克。直播行距 30 厘米，播幅 10 厘米。生长期间早春注意中耕保墒，割后锄地施肥浇水，及时治虫除草。

11. 寿光薹韭 2 号　东北地区引进，经山东省寿光市蔬菜办公室提纯而成。其植株高大，自然高度 50～60 厘米，伸直长度 70～80 厘米，叶片呈绿色，叶宽 1.0～1.3 厘米，扁平状，中间有空腔。4 月下旬抽薹。保护地栽培，于"谷雨"前后抽薹，薹高 60～70 厘米，中间有较细的空腔，味淡，花苞稍大，白绿色；露地栽培 6 月上旬开花，花白色。该品种分蘖力中等，适于稀植。可兼产韭黄或韭青。

12. 吉安薹韭 江西省吉安薹韭，其抽出的花薹嫩绿可口，香味浓郁，质脆无渣。该品种植株半直立，株高 26～30 厘米，分蘖能力强，叶片较粗硬，叶色深绿。花薹近圆形而实心，茎粗 0.5～0.7 厘米，薹长 32～35 厘米。花苞呈椭圆形，长 1.5～2.0 厘米。花薹具有连续抽生的特性，自 6 月上旬开始抽生，一直可持续到 9 月下旬，抽薹最适温度为白天 28～33 ℃、夜间 25 ℃左右。花薹抽生速度很快，一般隔天可采摘一次。采摘标准为花薹稍超出韭菜叶片高度要及时采摘，过晚则花苞张开影响品质。该品种定植行株距为 33.3 厘米×26.6 厘米，叶片旺长期，以施氮肥为主，一般每隔半个月追施一次 0.3％～0.5％尿素或稀薄人粪尿；抽薹期则氮磷钾肥配合施用，隔 1 周追施 1 次。采用种子育苗或母株分株繁殖。种子育苗在 4 月或 8 月，亩用种量为 0.1～1.0 千克，秋季育苗要在 10 月之前定植好，以利根茎积累养分，保证翌年正常抽薹。

（四）韭菜育苗技术

1. 播种 一般韭菜苗期适宜气候凉爽、光照适中的季节，除冬季以外，基本都可以播种，但播期以春季 3 月中旬至 5 月、秋季 8～9 月为宜，北方地区以春播为主。苗床应选在旱能浇、涝能排、背风向阳的高燥地块，韭菜对土质要求不太严格，但育苗以沙壤土为宜。苗床要施足底肥，以腐熟有机肥为主，可亩施 4 000 千克左右，并配合 50 千克氮、磷、钾复合肥，施肥后整地作畦。韭菜出土能力弱，播前精细整地是保证全苗的关键。因此，要精耕细耙，做到上虚下实，土壤细碎无坷垃，一般畦长 15～20 米，宽 1.0～1.2 米为宜，播前选晴天晒种 1～2 天，以提高发芽势。用 55 ℃温水浸 10 分钟，或用 600 倍的多菌灵溶液浸 30 分钟，经药液消毒的种子，要用清水洗净，再把种子放入常温水中浸泡 20～24 小时，清除浮在水面的秕籽，然后捞出沥干，在 20 ℃左右的地方保湿催芽，每日要用清水淘洗 1～

2 次，经 2～3 天有 30％胚根露白即可播种。苗床亩播种量一般为 5～6 千克，催芽种子一般用湿播法，先在畦内浇足底墒水，待水渗后播种，播后盖 1 厘米细土，未催芽的种子也可采用干播法，按 10 厘米行距，开 1～2 厘米深的浅沟，将种子撒于沟内，平整畦面后，覆盖种子，铺压后灌水。目前也有用精播耧播种的，行距 8～10 厘米，播深 1.5 厘米左右，播种深浅一致，效果较好（视频 7）。在幼苗出土前要保持土壤湿润，防止板结。播后苗前及时喷施 33％二甲戊乐灵（施田补）1000 倍液封闭除草，如果还有杂草长出可以趁早喷施韭菜苗后专用除草剂，防止草荒危害。

视频 7
大葱韭菜洋葱
精播耧精播
技术

2. 苗期管理 一般播后 10～15 天便可出苗，幼苗出土后要加强苗期管理，掌握前期保苗、后期蹲苗的原则。管理的中心工作是浇水、追肥、除草和治虫。浇水要轻浇和勤浇，浇水过多易引起徒长，浇水不及时会导致幼苗枯干，要经常保持畦面湿润，还要防止畦面忽干忽湿。幼苗在苗床一般需要 2～3 个月的时间，结合灌水应追肥 2～3 次，每次每亩以 20 千克尿素为宜。韭菜苗期杂草较多，要及时人工拔除或喷洒除草剂，苗前可每亩喷施 30％除草通 100 毫升，另外，还要及时防治病虫害，特别是韭蛆危害。为了培育好壮苗，播种时有条件的地方可采用小拱棚覆盖或地膜覆盖技术。拱棚覆盖可在惊蛰至春分播种，棚内气温超过 30 ℃时及时放风降温，在立夏前后通风炼苗，然后撤去拱棚。地膜畦面覆盖要在春分至清明播种，当韭苗大部分露头时，要及时撤去地膜，以防高温烧田。

3. 适时移栽定植 韭菜适宜定植的时间由播种早晚、秧苗大小和环境气候条件决定。一般在播后 70～90 天，长有 4～5 片叶，苗高 25～30 厘米时即可定植。3～4 月播种的在 6 月中下旬小麦收割后或春菜拉秧后进行定植，但如果幼苗过小，特别是鳞茎过小时，要适当推迟定植期。4～5 月播种的在 8 月中下旬定植，秋季播种的在翌年 3 月底 4 月初定植为宜。韭菜定植前，先起苗抖净泥土，按大小棵分级。起苗前剪根剪叶是传统的移栽办法，虽然可以减少叶面水分的蒸发，达到了预留叶片不干枯的目的，但是在剪根剪叶时也大量损失了韭菜叶片和根系中贮存的养分，不剪叶虽然有部分叶片萎蔫干枯，但叶片和根系中贮存的养分可回流到根系，定植后缓苗快，生长势强。试验表明，韭菜剪根剪叶与不剪根剪叶相比，其新根发生数会减20%，其新根长度可减少43%。因此，现在韭菜移栽不剪根不剪叶。如果是分株繁殖的老韭根，应剪去两年以上的老茎。定植田块要施足底肥，可亩施有机肥 4 000 千克，磷酸二铵 50 千克，缺锌地块还要亩施硫酸锌微肥 2 千克，深翻耙细后待栽。

合理密植是韭菜持续高产稳产的关键，其密度应根据栽培方式、品种、分蘖能力和栽培目的来确定。一般大田多年生产栽培可按30～40 厘米行距开沟，沟深 12～15 厘米，穴距 15～20 厘米，采取深栽、浅埋、分次覆土的原则，埋土深度以叶片与叶鞘连接处不埋入土中为宜，要栽平、栽齐，栽植后要踏实，然后及时浇水，使根部与土壤紧密接触，以保证成活。较短时间生产或青韭栽培也可采用平畦栽培方法，一般按行距 20～25 厘米，穴距 10～15 厘米，每穴 6～10 株。新栽韭菜在缓苗后，若天气干旱应连浇 2～3 水，以促进根叶生长。

4. 幼苗定植后当年的管理　定植后要及时浇水，缓苗后，新叶出现时，要施肥浇水一次，进入高温多雨季节，一定要做好排水工作，以免烂根死苗。9～10 月昼夜温差大是韭菜生长的最盛时期，应加强肥水管理，促进叶片生长、小鳞茎的膨大、根系的生长（视频 8）。秋季每隔 10 天左右浇水一次，结合浇水追施尿素＋复合肥 1～2 次，每次每亩 15～20 千克。10 月以后，天气逐渐变冷，生长速度减慢，叶片中的营养物质逐渐向鳞茎和根系回流。此时根系吸收能力减弱，叶面水分蒸腾减少，应减少灌水，保持地表不干即可。为确保韭菜安全越冬和翌年返青快，应在 12 月初土壤结冻前浇足封冻水。

视频 8
露地韭菜肥水
管理技术要点

（五）露地韭菜栽培技术

1. 春季管理　返青前及早清除地上部枯叶杂草，韭菜开始萌发时，应深耕松土 1 次，把越冬覆盖的粪土翻入土中，有利于提高地温。若冬季未施肥，春季要重施土杂肥，可亩施1 500千克，并将畦土锄松、拍细，无土杂肥时也要在畦面覆土1～2厘米，以利韭菜跳根。春季施肥后，根据墒情应及时浇返青水（2月上旬），由于早春气温较低，蒸发量小，以小水为宜。春季还应进行追肥，每亩施尿素＋复合肥20千克，施后深锄保墒，增加土壤通透性，提高地温，促使植株快速生长，一般40天左右可收割第一茬韭菜。若冬季雨雪较多，土壤墒情较好，也可在第一茬收割后再开始浇水，以促进韭苗的成长、增进柔嫩的品质，浇水后要及时划锄保墒。每次收割后，待伤口愈合，新叶出土2～3厘米时，结合浇水每亩施有机肥150～200千克，对恢复韭菜长势，提高下茬的产量有重要作用。在田间管理好的情况下，一般25～28天收割第二、三茬，总之，要使春季韭菜产量占整个总产的三分之二才能保证韭菜的高产。切忌收割后立即追肥，以免刀口没有愈合引起病害感染和肥害。收割一般在早晨进行，经过一夜的生长，品质特别鲜嫩，收割时留茬高度以割到鳞茎上3～4厘米黄色叶鞘处为宜，以后每割一茬应比前茬略高，以保证植株正常生长（视频9）。另外，春季停止收割的韭菜，一般无病害，但此时却是韭蛆的盛发期，在3月下旬至4月底应视其情况进行防治，可顺垄灌药或撒毒土。

视频9
韭菜收割与采
后处理技术

2. **夏季管理**　由于夏季高温，韭菜叶片组织纤维增多，质地粗糙，生长减弱而呈现歇伏现象，一般不再收割，应继续加强根株培养，为秋季生产打好基础。对多年生韭菜，要严格控制浇水，进入雨季还要注意防涝。夏季高温多雨，有利杂草孳生。对育苗移栽的韭菜或收获后的韭菜，可每亩喷施除草通100毫升防治杂草。在"伏雨"到来前，一般在6月的中下旬要将韭菜架离地面。若用铁丝竹竿搭架，要东西方向顺畦扯紧6根铁丝，铁丝间隔40厘米，离地面高30～40厘米，将竹竿南北方向，顺垄放在铁丝的上面，每两垄韭菜之间放1根细竹竿，并将其固定在铁丝上；若用棉花枝条或玉米秸或树枝搭架，应在浇水以后，趁湿插于两垄韭菜之间。间隔10天左右喷1次50%辛硫磷1 000倍和50%多菌灵500倍的混合液，预防病虫危害。另外抽薹田除留种地块外，都要拿去韭薹，以利于肥壮根茎。

大田韭菜经过夏季高温阶段生长，叶的食用性和商品性较差，近年来一般不再采收，在夏末秋初通过喷施一些植物生长调节剂来促使养分向茎盘回流，聚集较多养分，使秋季平茬进行秋冬茬生产时，增加秋冬茬产量。一般在 9 月进行两次喷施较好，常用的生长调节剂有韭菜顿顿丰和乙烯利。韭菜顿顿丰每亩每次施用 100 毫升兑水 50 千克，隔半月再喷一次，共两次；乙烯利每亩每次施用 0.35 千克兑水 50 千克，隔半月再喷一次，共两次。据初步试验，春季育苗麦收后移栽的一年生韭菜田，10 月初平茬，一个月后即 11 月上旬测产，喷乙烯利的处理比对照（未喷植物生长调节剂）每亩增产 5.9 千克，增产 1.2%；喷韭菜顿顿丰的处理比对照（未喷植物生长调节剂）每亩增产 67.1 千克，增产 13.6%，且喷乙烯利成本较高。说明夏季韭菜喷施植物生长调节剂可以促秋冬季增产，但增产效果根据植物生长调节剂种类不同，效果与成本有较大差异。

3. **秋季管理**　秋季气候凉爽，昼夜温差大，是最适合韭菜生长的季节，也是培养根株的最好时期。这一时期韭菜的生理活动最强，为了培养根株，必须加强肥水管理和病虫害防治，特别是立秋至秋分要重施肥水，促其旺盛生长。立秋前后，1 次可亩施优质粪干 1 000～1 500 千克或豆饼 500 千克或磷酸二铵 40～50 千克，硫酸锌 2～3 千克，间隔 5～7 天浇 1 水，连浇 2～3 次。处暑至秋分亩追施硫酸铵 60 千克，分 3 次施用，有条件的可单独亩施草木灰 100～150 千克。可根据植株长势，在 8 月下旬到 9 月下旬收割 1～2 次。进入 10 月，一般停止浇水追肥，利用干旱控制韭菜的贪青生长，迫使营养加速向鳞茎和根系回流。同时，加强病虫防治，随时清除杂草。

（六）设施韭菜栽培技术

韭菜保护地栽培，多采用塑料拱棚、塑料大棚、塑料日光温室等类型。淮河流域可选择简易小拱棚，面积可随畦拱搭，也可拼畦覆盖，视薄膜宽度而定，方向根据地块，以南北方向为宜，如采取东西走向，可在拱棚北面搭起防风篱笆，拱棚上面覆盖草帘即可生产。黄河流域及华北平原，可选择单面塑料大棚，面积 0.3～0.5 亩，东西走向，在北面筑 1 米厚的土墙，墙高 1.7～1.8 米，东西两墙，由北向南，从高到低 30°坡度倾斜。后墙上方用木材支架向里以 15°角斜上修 1.0～1.5 米宽的帽盖，上铺秸秆，并用泥巴封顶，然后用铁丝、竹木为材架，覆膜搭棚。有条件的可在北墙增设反光板，在棚内增加酿热物，使棚内温度白天保持在 16～28 ℃，晚上不低于 8～12 ℃。在 12 月和翌年 1 月，棚内温度低于 5 ℃时，可加盖双草帘。保护地栽培韭菜要选用耐寒性强的品种，如航研 998、韭宝、棚宝、平丰 8 号、平丰 6 号、791 等。

1. **保护地韭菜夏季管理** 保护地韭菜夏季管理很重要，在夏季一般不进行收割，以养根为主，为冬季生长打好基础。由于夏季高温多雨，有利杂草生长，可用 25％除草醚进行除草。在养根期间要及时打去花薹，减少养分消耗。在雨季来临时停止浇水，进行蹲苗，并搞好沟渠配套，及时排除田间积水。夏季主要病害为疫病，若发生可逐垄用手持掉老化叶，使植株充分透光通风。雨后要及时排水，防止倒伏和烂根，并且科学追肥拔草，增加行间通风透光，提高叶片的光合作用，使植株肥大粗壮。发病初期，可选用 50％甲霜铜可湿性粉剂 600 倍液，隔 7～10 天 1 次，连续喷施 2～3 次。主要虫害为伏蛆和潜叶蝇，常在小暑至大暑之间危害，防治韭蛆可用 50％灭蝇胺可湿性粉剂 3 000 倍液或 50％辛硫磷 1 000 倍液灌根防治，同时用 2.5％联苯菊酯乳油或 2.5％溴氰菊酯乳油 2 000 倍液喷洒防治韭蛆成虫和潜叶蝇。

2. **保护地韭菜冬春季管理** 肥水管理是保护地韭菜管理的关键，但肥水管理的重点不是在扣棚后，而是在扣棚前。一般在叶片已全部枯萎、养分全部运往根茎后才能扣棚覆盖，也可根据上市时间要求，适时扣棚覆盖。在覆盖前要清除枯叶和杂物，施一层腐熟有机肥，一般亩施腐熟人粪尿 1 000 千克、尿素 30 千克或复合肥 100 千克，浇足水后扣棚覆盖。初期室温不能太高，应该逐步升高，以使根株逐渐恢复生机。保护地韭菜扣棚覆盖后主要依靠土壤、根系和鳞茎中的养分生长发育，前期一般不再施肥浇水。收割第二茬后（春节后），随着气温的回升，可亩施硫酸钾复合肥 40～60 千克，小水勤浇，并适度放风。保护地栽培在保温的原则下要加强通风，以增加 CO_2 含量、降低空气湿度。每茬收割后可喷洒 50％的多菌灵 300 倍液防病，另外，还要根据虫情及时防虫。

（七）韭菜采种技术

韭菜留种一般选用 2～4 年生的植株较好，4 年以后韭菜老化，跳根严重，影响种子产量。留种的韭菜田块，除加强肥水培育外，还应减少收割次数。当年只收割青韭 1～2 次，进入 4 月底，要停止收割，留茬要高，一般在 7～8 月间抽薹开花，留作种用，花薹伸长时要适当控制灌水，以免花薹徒长引起倒伏。花谢后至种子灌浆时，要保持土壤湿润，并进行适量追肥。种子成熟时，分期采收，晒干后脱粒。一般可亩产种子 60～100 千克。经过留种后的植株生长较弱，应于秋后加强田间管理，以促其早日恢复生长。

（八）韭菜病虫害防治技术

1. **韭菜灰霉病**　也叫韭菜白点病或腐烂病，是韭菜主要病害，特别是保护地生产更为普遍。

症状：主要危害叶片，分白点型、干尖型和湿腐型三种。白点型和干尖型初期在叶片正面或背面生白色或浅灰褐色小斑点，由叶尖向下发展，病斑菱形或椭圆形，也可相互汇合成斑块致半叶或全叶枯焦。湿度大时，枯叶表面生稀疏的霉层。

湿腐型发生在湿度大时，叶上不产生白点，枯叶表面密生灰色或绿色绒毛状霉，伴有土霉味。干尖型由割茬刀口处向下腐烂，初呈水渍状后变淡绿色，有褐色轮纹，病斑扩散后多呈半圆形或 V 形，并可向下延伸 2～3 厘米，呈黄褐色，湿度大时，表面生灰褐色绒毛状霉。大流行年份或韭菜贮运时，病叶出现湿腐症状，完全湿软腐烂，表面产生灰霉。

病原：由半知菌亚门的葡萄孢属真菌葱鳞葡萄孢菌侵染所致。菌丝近透明，具隔膜，菌丝分枝基部不缢缩。分生孢子梗从寄主叶片内伸出。培养基上有菌核产生。分生孢子淡灰色至暗褐色，具0～7个分隔，基部稍膨大，有时具瘤状突起，分枝处正常或缢缩，分枝末端呈头状膨大，其上生短而透明小梗及分生孢子。分生孢子脱落后，主枝上留下清楚的疤痕。分生孢子卵形至椭圆形，光滑、透明、浅灰至褐绿色。此外，还有葱细丝葡萄孢菌和灰葡萄孢菌均可危害引起灰霉病。

发病规律：韭菜灰霉病主要靠病菌的分生孢子传播蔓延。收割韭菜时，病菌分生孢子散落于土表越冬，翌年传播蔓延，导致新叶发病，作为初侵染源，以后产生分生孢子，通过气流、灌溉、农事操作等进行再侵染。病菌生长的温度范围是15～30℃，菌丝生长适温15～21℃，高温时产生菌核。孢子萌发需要水滴或95％以上相对湿度。高温高湿条件下，韭菜生长过旺，抗病力差，往往造成大流行。

防治方法：①控温，降湿。适时通风降温，控制相对湿度在75％以下。②清除病残体。韭菜收割后，及时清除病残体，将病叶、病株深埋或烧毁。③药剂防治。喷雾：在韭菜每次收割后，及时选用50％多菌灵或70％甲基硫菌灵可湿性粉剂500倍液均喷地面。发病初期可选用50％甲基硫菌灵可湿性粉剂400～500倍液，或75％百菌清可湿性粉剂500倍液，或78％甲霜锰锌500～900倍液，或50％多菌灵可湿性粉剂400～500倍液，或50％速克灵、50％扑海因可湿性粉剂800倍液喷施，重点喷施叶片及周围土壤。烟雾：棚室可用10％速克灵烟剂或10％百菌清烟剂，每亩250克，分放6～8点，用暗火点燃，熏蒸3～4小时。粉尘：于傍晚喷散10％杀霉灵或5％百菌清粉尘剂，每亩每次1千克，9～10天1次。

2. 韭菜疫病

症状：主要危害韭菜的假茎和鳞茎，叶片、花薹、根也可受害，尤以假茎和鳞茎受害重。假茎受害，呈水渍状浅褐色软腐，叶鞘易脱落。鳞茎受害，根盘处呈水渍状褐色腐烂，鳞茎内部组织亦呈浅褐色，新生叶片瘦弱。根部受害，根毛少，变褐腐烂，植株长势弱。叶及花薹受害，多始于中下部，初产生暗绿色水渍状斑点，后病斑扩大，病部缢缩，引起叶、花薹下垂腐烂。湿度大时，病部长出白色稀疏霉层（视频10）。

视频10
韭菜疫病

病原：由鞭毛菌亚门疫霉属真菌的烟草疫霉菌侵染所致。孢囊梗无色、无隔，与菌丝区别不明显。孢子囊单生，长椭圆形，无色，囊顶乳突明显，卵孢子球形黄色，厚垣孢子深黄色、球形。

发病方法：病菌随病残体在土壤中越冬，条件适宜时产生孢子囊，放出游动孢子侵染寄主，借风雨、流水传播，可多次再侵染。高温（25～30 ℃）高湿（相对湿度在95％以上）是该病发生的重要条件。

防治措施：①轮作倒茬，增施腐熟有机肥，半高畦栽培，注意排水。保护地要适时放风、透光、降湿。②发病初期用90％乙膦铝600倍液＋70％代森锰锌500倍液或58％瑞毒霉锰锌500倍液或64％杀毒矾可湿性粉剂400倍液，也可用70％克露可湿性粉剂800倍液防治。

3. 韭菜菌核病

症状：主要危害叶片、叶鞘或茎部。被害的叶片、叶鞘或茎基部初变褐色或灰褐色，后腐烂干枯，田间可见成片枯死株，病部可见棉絮状菌丝缠绕及由菌丝纠结成的黄白色至黄褐色或茶褐色菜籽状小菌核。

病原：由子囊菌亚门核盘菌属真菌大蒜核盘菌侵染所致。菌核薄片状椭圆形或不规则形，大小不等，黑褐色，萌发产生子囊盘，子囊盘上形成子囊层，子囊筒状，含子囊孢子8个，子囊孢子长椭圆形，单孢，无色。无性阶段产生的小菌核似油菜籽，幼嫩时黄白色至深褐色，老熟时褐色至茶褐色，致密坚实，表面光滑。

发病规律：寒冷地区，主要以菌丝体和菌核随病残体遗落土中越冬。翌年条件适宜，菌核萌发产生子囊盘，以子囊孢子进行初侵染，借气流进行传播蔓延，或以菌丝接触侵染发病。一般雨水频繁，地势低洼，湿度过大易发病。

防治方法：①合理密植，改善田间小气候。避免过量施氮，定期喷施微肥激素，促进植株早生快发，缩短割韭周期，改善株间通透性。②及时喷药防治。每次割韭后至新株抽生期喷淋50％速克灵或50％扑海因可湿性粉剂800倍液，75％百菌清可湿性粉剂800倍液＋75％甲基硫菌灵可湿性粉剂800倍液，也可用5％井冈霉素水剂稀释液（万分之一）隔7～10天1次，连防3～4次。

4. 韭菜锈病

症状：主要侵染叶片和花梗。初在表皮上产生纺锤形或椭圆形隆起的橙黄色小疱斑，即夏孢子堆，病斑周围具黄色晕环，后扩展为较大孢斑，表皮破裂散出橙黄色夏孢子。叶片两面均可染病，后期叶及花茎上出现黑色小疱斑，为其冬孢子堆。

病原：由担子菌亚门柄锈菌属真菌的葱柄锈菌侵染所致。病原形态同大葱锈病。

发病规律：以冬孢子在病残体上越冬，也可在温室寄主上辗转危害或在活体上以菌丝越冬，翌年以夏孢子随气流进行初侵染和再侵染，天气温暖湿度高，露多雾大，或种植过密，肥水过大，氮肥多、钾肥不足发病重。

防治方法：见大葱锈病防治方法。

5. 韭菜茎枯病

症状：主要危害花茎，也可危害叶片。茎部染病初现褪绿长椭圆形病斑，后全部变为灰白色，上生较密的小黑点，即病原菌的分生孢子器；叶片染病，叶两面病斑梭形或长椭圆形，边缘不清，后也呈现小黑点，严重时叶片枯死。

病原：由半知菌亚门的壳针孢属真菌的葱壳针孢菌侵染所致，分生孢子器初埋藏在寄主表皮下，成熟时突破表皮，深褐色近球形，器壁厚且细胞紧密，具孔口。分生孢子无色，针形略弯，顶端锐尖，基部钝圆形，具多个隔膜。

发病规律：以菌丝体或分生孢子器在病残体上越冬。翌年条件适宜时，分生孢子器吸水，逸出分生孢子，借风雨传播蔓延，进行初侵染，以新生分生孢子进行再侵染。高温高湿条件下，肥料不足、管理粗放、植株长势弱则发病较重。

防治方法：①选用生长健壮、抗病的韭菜品种，加强韭菜田间管理，及时拔除杂草，调节田间小气候。②发病初期，用75％百菌清可湿性粉剂 500 倍液或 70％代森锰锌可湿性粉剂 500 倍液或 80％大生可湿性粉剂 800 倍液或 50％苯菌灵可湿性粉剂 1 000 倍液进行防治。

6. 韭菜白绢病

症状：韭菜须根、根状茎及假茎均可受害，根部及根状茎受害后软腐，失去吸收功能，导致地上部萎蔫变黄，逐渐枯死。假茎受害后亦软腐，外叶首先枯黄或从病部脱落，重者整个茎秆软腐死亡。所有患病部位均产生白色绢丝状菌丝，中后期菌丝集结成白色小菌核。在高温潮湿条件下，病株及其周围土壤地表均可见到白色菌丝及菌核。

病原：由半知菌亚门的小菌核属的真菌齐整小菌核菌（有性态，担子菌亚门多孔菌目膏药菌科的真菌罗氏阿太菌）侵染所致。在生活史中主要以无性世代产生两种截然不同的营养菌丝和菌核。生育期中产生营养的白色菌丝，产生菌核前则产生较纤细的白色菌丝，扭结形成菌核，似油菜籽，初为白色，后呈黄色，最后变为褐色。

发病规律：病菌以菌核或菌丝遗留在土中或病残体上越冬。翌年气温回升后，在适宜条件下，产生菌丝，从地下须根、根状茎或假茎的地表处侵入形成中心病株，借雨水、灌水、施肥等农事操作等传播扩散蔓延。

防治方法：①选用无菌核种子播种，使用充分腐熟的堆肥或有机肥，避免粪肥带菌，及时清除田间个别病株。②加强管理，注意旱涝及时浇排，防止植株衰弱，降低田间湿度，提高植株抗病能力，创造不利于发病的条件。③发病初期喷洒 15％三唑酮可湿性粉剂 1 000 倍液或 20％甲基立枯磷乳油 1 000 倍液进行防治。

7. 韭菜黑斑病

症状：主要危害叶片、花梗或鳞茎。叶片、花梗染病初生浅褐色、卵圆形至纺锤形条斑，后变为黑褐色具轮纹，湿度大时表面密生黑色霉层。叶斑融合可致全叶干枯。

病原：由半知菌亚门交链孢属的葱链格孢真菌侵染所致。发病规律及防治方法参照大葱紫斑病。

发病规律及防治方法参照大葱紫斑病。

8. 韭菜软腐病

症状：主要危害叶片及茎部，叶片叶鞘初生灰白色半透明病斑，扩大后病部及茎基部软化腐烂，并渗出黏液，散发恶臭，严重时成片倒伏死亡。

病原：由欧氏杆菌属的胡萝卜软腐致病变种侵染引起，病原形态见大葱软腐病。

发病规律：病原细菌主要以病残体遗落土中或未腐熟的堆肥中越冬，也可在保护地侵染越冬。在田间借雨水、灌溉水溅射及小昆虫活动和农事操作传播蔓延，自伤口或自然孔口侵入。温暖多湿，降雨频繁，连作地、低洼积水、土壤黏重的田块发病重。

防治方法：①选用抗逆性强的耐热、抗风雨品种。②发病初期喷施 50% DT500 倍液或 77% 可杀得可湿性粉剂 500 倍液或 72% 农用硫酸链霉素可溶性粉剂 3 000 倍液，或新植霉素 3 000～4 000 倍液，视病情 7～10 天 1 次，连防 2～3 次。

9. 韭菜病毒病

症状：属系统侵染病害，染病后，生长缓慢，植株叶片变窄或披散，叶色褪绿，沿中脉形成条状变色黄带。后叶尖黄枯，发病重的单株矮小或矮缩，最后枯死（视频 11）。

病原：韭菜萎缩病毒属病毒。寄主范围仅限于韭菜、大葱和洋葱。

视频 11
韭菜病毒病

发病规律：主要在韭菜根部越冬，翌春韭菜萌发后，病毒扩展到地面叶片中，开始显症。病毒可通过割刀进行汁液接触传播蔓延，也可以通过葱蚜、桃蚜等传播媒介进行远距离传播。蚜虫的传毒是非持久性的，种子、土壤均不带毒。

防治方法：①选用生长健壮、长势强、抗逆性强的韭菜品种，发现病毒单株及时拔除销毁，并防止割刀传毒。②加强韭菜田间管理，及时防治蚜虫。③发病初期喷用 5% 菌毒清 400 倍液或 0.5% 抗毒剂 1 号 300 倍液或 20% 病毒 A 500 倍液，连喷 3～4 次。

10. 韭菜低温冷害

症状：韭菜属耐寒、耐旱、喜长日照的宿根蔬菜，遇过低的温度时，也会遭受冷害。当温度在−4～−2℃时，叶尖先变白而后枯黄，整个叶片垂萎，温度在−6～7℃时，全叶变黄枯死。保护地韭菜在

-2～0 ℃低温下即可受冷害，叶尖变为苍白色。

病因：属生理病害。主要因温度过低，叶片内游离水凝结而造成的。韭菜幼苗在 12～18 ℃，叶片在 12～24 ℃条件下均能健壮生长，遇 0 ℃以下低温则易受冷害，但土壤内的韭菜根茎在-30～-20 ℃也可安全越冬。

防治方法：该病多发生于保护地。①提高棚室温度，保持 15～20 ℃，防止冷空气侵袭。②控制浇水量，保持土壤湿润。③施足腐熟的有机肥于沟、垄内，促进健壮生长提高地温，防止冷害。④喷施植物抗寒剂或植物营养剂，增加韭菜的耐寒能力。

11. 韭菜黄叶和干尖

症状：棚室或露地栽培的韭菜经常发生黄叶和干尖。心叶或外叶褪绿后叶尖开始变成茶褐色，后渐枯死，至叶片变白或叶尖枯黄变褐。叶片生长缓慢，细弱，外叶枯黄；叶尖枯萎，并逐渐变为褐色，后变为枯白色；先外叶叶尖变茶褐色，然后逐渐枯死，而中部叶片变白；嫩叶轻微黄化，外部叶片黄化枯死。田间发生均匀，且病部看不到明显病症。

病因：长期大量施用粪肥或生理酸性肥料，导致土壤酸化而致韭菜叶片生长缓慢、细弱或外叶枯黄；盖膜前大量施入氮肥加上土壤酸化严重，往往造成氨气积累和亚硝酸积累，分别导致先叶尖枯萎，后叶尖逐渐变褐和叶尖变白枯死。韭菜生长适宜温度范围为 5～35 ℃；当棚温高于 35 ℃持续时间长则导致叶尖或整叶变白、变黄。棚室韭菜遇有低温冷害或冻害，造成韭菜白尖或烂叶，连阴天骤晴或高温后冷空气突然侵入则叶尖枯萎。外叶叶尖开始变成茶褐色，然后叶片逐渐枯死，中部叶子变白即为叶烧病。硼素过剩可使叶尖干枯。锰过剩可致嫩叶轻微黄化，外部叶片黄化枯死。缺硼引起中心叶黄化，生理受阻。缺钙时心叶黄化，部分叶尖枯死。缺镁引起外叶黄化枯死，缺锌中心叶变黄黄化。土壤中水分不足常可引起干尖。

防治方法：①选用抗逆性强、吸肥力强的品种，施用腐熟的堆肥和有机肥，采用配方施肥技术，科学施用化肥，采用绿风 95、惠满丰、光合液肥、复合微肥喷用，防止缺素症。②加强棚室管理，遇高温要及时放风、浇水，防止叶烧发生，遇低温则采取保护措施，防止寒流扑苗。

12. 韭菜迟眼蕈蚊 又叫韭蛆，主要危害韭菜、大葱和大蒜，以韭菜受害最重。幼虫群居在地下部的鳞茎和嫩茎部分危害。初孵幼虫首先取食韭菜叶鞘基部的嫩茎上端。春秋两季主要危害韭菜的嫩茎，使根基腐烂，地上部叶片枯黄而死，夏季高温时则向下移，蛀鳞茎取食，严重时造成鳞茎腐烂，整墩枯死。

形态特征：成虫体长 2～4.5 毫米，黑褐色，头小，胸背隆起，触角丝状，有细毛，足细长褐色，腹部细长，幼虫腹末有一对铗状抱握器。卵椭圆形，乳白色幼虫体长 6～7 毫米，头部漆黑色，有光泽，体白色无足。

生活习性：韭菜迟眼蕈蚊在华北 1 年发生 4 代。以老熟幼虫或蛹在韭菜鳞茎内或韭根周围 3～4 厘米土层中休眠越冬。次年 5 月中旬羽化为成虫，成虫喜在阴湿弱光条件下活动，多产卵于韭根附近的表土中。幼虫孵化后即行分散，先危害韭菜叶鞘、幼茎及幼芽，随后咬断茎并蛀入其中，继而向根茎下部蛀食。幼虫喜湿怕干，湿的壤土环境、多汁的嫩茎及鳞茎受害重。

防治方法：①科学施肥。要施用充分腐熟的有机肥料，在成虫发生盛期不要泼浇未腐熟的人粪尿，施肥要做到开沟深施覆土。②灌水防治。在早春或秋季幼虫发生时，连续灌水 2～3 次，每天早、晚各灌一次，灌水以淹没地面为准，保持 4～6 小时，使根蛆窒息死亡，能减轻危害。③剔韭法防治。用竹签剔开植株根周围土壤晾晒，造成干燥环境，可降低幼虫孵化率和成虫羽化率，减轻危害。剔韭土时间以春季地面表土未完全解冻为宜，宁早勿晚。④浇灌氨水。氨水是一种液体氮素化学肥料。浇灌韭菜，除了有肥效外，还有很好的防治根蛆作用。在韭菜头茬收割后 2～3 天，用 3％的氨水均匀灌根，可有效减轻韭蛆危害。⑤滴灌法。在韭菜生长期，用滴灌供水，保持土壤表层干燥，不利于迟眼蕈蚊产卵，降低韭蛆虫口密度。⑥覆膜法。韭菜收割后，菜田留有很浓的韭菜味，能引来大批成虫产卵，因此收割后覆膜 3～5 天，待伤口愈合后，韭菜味消失再揭膜。⑦灯光诱杀。在成虫羽化期，夜间田间设置日光灯，灯下放盆水。⑧黄板诱杀。成虫对黄色有强烈趋性。可在近地面处每亩设置 40～60 块 15 厘米×

20 厘米的黄色粘虫板，每隔 7~10 天清除一次粘虫板上的成虫并补刷机油。⑨糖醋液诱杀成虫。按糖：醋：酒：水＝3：3：1：10 的比例加入十分之一的 90％晶体敌百虫配成混合液，分装在瓷制容器内，每亩均匀放置 10 个，可有效地诱杀成虫，5~7 天更换一次，隔日加一次醋液。⑩药剂防治。在成虫羽化盛期喷洒高效氯氟氰菊酯、阿维菌素＋氯氰菊酯、灭幼脲、联苯菊酯，上午 9~10 时施药效果最好；在幼虫危害盛期，应灌药防治，可选用辛硫磷、敌百虫、地蛆灵、联苯噻虫胺、阿克泰、苏云金杆菌、臭氧等，按药剂说明浓度灌根等，用喷雾器卸去喷头喷灌。施药后 10 天收割。

13. 韭菜蛾 韭菜蛾也叫葱须鳞蛾、葱小蛾，发生普遍，可危害韭菜、葱蒜和圆葱等。以幼虫蛀食韭菜叶片，严重时心叶变黄，降低产量和品质，一般老韭菜特别是种株受害严重。

形态特征：体长 4~4.5 毫米，翅展 11~12 毫米，体黑褐色，前翅黄褐至黑褐色，后缘展基 1/3 处有一三角形大白斑，静息时前翅合拢成一个菱形白斑。白斑至翅缘间有两个近三角形的小白斑。老熟幼虫 8.0~8.5 毫米，全体黄绿至绿色，头浅褐，身体各节具稀毛。蛹长 6 毫米左右，纺锤形，老熟时深褐色，外被白色网丝状茧。

生活习性：成虫将卵散产在韭菜叶片上，成虫羽化后，需补充营养。幼虫孵化后向叶基部转移危害，常将韭菜叶咬成纵沟，幼虫在沟中向茎部蛀食，但不侵入根部，幼虫常把绿色虫粪留在叶基部分叉处，因而受害株很易辨认，幼虫老熟后从茎内爬至叶中部吐丝做薄网茧化成蛹。

防治方法：在初孵期喷药，常用药剂有：20％杀灭菊酯乳油 2 000 倍液，90％敌百虫 1 000 倍液，80％敌敌畏乳油 1 000 倍液，2.5％敌杀死乳油 2 000 倍液或 2.5％功夫乳油 2 000 倍液，也可用 20％甲氰菊酯乳油 2 000 倍液。

14. 潜叶蝇 成虫体细长，2.2~3.5 毫米，黑褐色，头小，胸部隆起；复眼大，背面左右相连成"眼桥"；触角丝状。卵长椭圆形。幼虫细长，头部黑色，身体由半透明逐渐变成乳白色，末龄幼虫体长 6~7 毫米。蛹为裸蛹，浅黄白色变为黄褐色至灰黑色，外有白色薄丝茧。

发生及危害：潜叶蝇种类较多，危害的寄主也较广。蔬菜中常危害豆类、茄果类、十字花科蔬菜、大葱、韭菜等。一年发生4～5代。成虫产卵于叶肉内，幼虫蛀食叶肉成曲折隧道。受害叶片失绿、变白干枯，严重影响产量和质量。

防治方法：①收获后，及时清除残叶残枝集中烧毁，以减少虫源。②成虫发生期，用黄板胶诱杀，每亩40～60片，均匀安放胶板高出韭菜10厘米，每2～3天观测一次，作为防治成虫的依据，每板上有3～5头即需要进行成虫防治。③防治幼虫，可喷施以下药剂，如40%绿菜宝、阿维菌素、斑潜净、潜克、灭蝇胺、蚜虱净等。

15. 蓟马

形态特征：成虫：体长1.2～1.4毫米，淡褐色；触角7节；翅狭长，翅脉稀少，翅的周缘具长缨帽。卵：长0.29毫米，初期肾形，乳白色；后期卵圆形，黄白色，可见红色眼点。若虫：共4龄，各龄体长分别为0.3～0.6毫米、0.6～0.8毫米、1.2～1.4毫米及1.2～1.6毫米。

发生与危害症状：成虫、若虫多隐藏于韭菜幼嫩组织部位，以锉吸式口器锉伤条形叶。危害严重时叶片呈灰白色条斑。

发生规律：蓟马在温室恒定温度下一年可发生15～20代。危害盛期世代重叠严重。成虫、若虫白天栖息在叶片背面，行动迅速，常把卵产在叶片组织里，卵期7～10天。若虫在叶上危害7天左右，钻入表土0.5～1.0厘米左右，进行蜕皮，7～10天后羽化为成虫，成虫寿命7～10天。

防治方法：①严防蓟马持续循环危害。早春清除田间杂草和蔬菜残株落叶，集中烧毁或深埋；勤浇水消灭地下若虫和蛹；定植前做好灭虫工作，同时防止幼苗等人为传入蓟马。②提高植株抗性。加强田间肥水管理，促使植株健壮生长，提高抗性。

（九）绿色韭菜生产技术规程要求

1. **品种选择**　选择抗病、抗寒、质优的韭菜新品种，如四季翠绿。

2. **播前整地**　育苗地选择前茬不是葱、蒜、韭菜的地块，土层疏松透气的壤土。翻耕深度 25～30 厘米，耙碎整平。整地前每亩施入氮磷钾复合肥（15－15－15）50 千克，深翻细耙，起垄做成 1.2～1.5 米宽的平畦，畦长因需而定。

3. **播种** 播种时间一般在春季 3～5 月，以干播种子为主，也可采用浸种催芽播种。育苗移栽最好采用精播楼播种，播深 1～2 厘米，播后浇透水。一般每亩用种 5～6 千克左右，可供 3～4 亩大田定植。

4. **苗期管理** 播后苗前及时喷施 33％施田补 1 000 倍液封闭除草剂，防治草荒危害。出苗前 2～3 天浇水 1 次，天热干燥的情况下，要常保持苗床土壤表面湿润，有利苗齐、苗壮；韭菜苗高 15 厘米，根据土壤墒情 5～10 天浇水 1 次，结合浇水，隔一次水追施氮肥一次，每亩每次追施尿素 5～8 千克或硫酸铵 10～15 千克。

5. **定植前的准备工作** 移栽定植前结合深翻耕，亩施生物有机肥 400 千克、硫酸钾型氮磷钾复合肥（15－15－15）50 千克，细耙后平整作畦。畦向、畦宽因栽培习惯而定，一般畦宽 2 米，定植 8 行。

6. **定植时间** 3 月中旬至 5 月中旬育苗的，6 月中下旬至 8 月中旬定植。苗高 20 厘米，有 5～6 片叶时即可定植，定植前 2～3 天苗床浇透水。起苗要保留根长 5～10 厘米，露地定植行距 25 厘米左右，开沟沟深 10 厘米左右，穴距 20 厘米，每穴 10 株左右。覆土深度 3～4 厘米，定植时不剪根、不去茎叶。小拱棚韭菜定植时，畦宽 8 米 32 行，两边各预留 30 厘米，两畦间有 60 厘米宽可搭棚架覆膜，定植韭菜行距 25 厘米，穴距 15 厘米，每穴 8 株，定植后及时覆土。

7. **田间管理** 定植后及时浇水，3～4 天后再浇 1 次水，然后浅耕蹲苗。新叶发出后，浇缓苗水，之后中耕松土，保持土壤见干见湿。夏季一般不干旱不浇水不施肥，避免高温浇水，多雨季节注意排水防涝、防倒伏、防疫病。8 月中旬后，以养根为主，注意除草，每 7～10 天浇 1 次水，结合浇水 10～15 天追施氮磷钾复合肥（15－15－15）或高氮肥 2 次，每亩每次 15～20 千克。

（1）养根壮苗 实施科学定植提高抗病能力。控制收割茬次，及时中耕除草，养根壮秧，防治病虫害，加强水肥管理，保护功能叶，增加养分积累。

（2）收割时间和要求 韭菜在高度 30 厘米左右，收割为宜。收割时看行情，价格低可以不收割，但以养根为主，等到秋冬时分价格高时采收效益高。收割前 5～7 天浇水一次，收割后 2～3 天及时追肥、中耕、浇小水，进行下茬管理，每茬的间隔期 30～45 天，收割韭菜的刀要锋利，茬口平齐深度与地表平齐为宜，韭菜收割避免阳光照晒造成萎蔫。采收后，没有保护设施下，土地封冻前浇足封冻水。

8.病虫草害防治 根据绿色食品的要求，按照"预防为主，综合防治"的植保方针，坚持以物理防治、生物防治为主，化学防治为辅。主要病虫害：虫害以韭蛆（迟眼蕈蚊幼虫）、葱须鳞蛾、斑潜蝇、蓟马为主；病害以韭菜灰霉病、疫病为主。

（1）物理防治 ①糖醋液诱杀赤眼蕈蚊。按糖：醋：酒：水＝3：3：1：10 比例加入十分之一 90％晶体敌百虫配成溶液，每亩放置 4～5 个碗，碗内放半碗糖醋液，并随时添加，保持不干。②防虫网隔离赤眼蕈蚊、潜叶蝇。用 40～60 目防虫网将通风口覆盖，或棚室全覆盖，空间隔离防治赤眼蕈蚊、潜叶蝇等成虫迁入。③悬挂粘虫板诱杀成虫。在距离地面 40～60 厘米处，每 20 米^2 悬挂一块 20 厘米×30 厘米黄色或黑色粘虫板诱杀成虫。

（2）主要病害的药剂防治

韭菜灰霉病 棚室韭菜灰霉病，每亩用 10％腐霉利烟剂 250～300 克，分散多点暗火点燃，闭棚熏蒸一夜。棚室韭菜露地生产期间，可用 50％腐霉利可湿性粉剂 1 000 倍液或 50％扑海因（实用医学名字"异菌脲"）可湿性粉剂 1 000 倍液叶面喷雾，5～7 天一次，替换用药 2～3 次。

韭菜疫病 发病初期，可用 50％烯酰吗啉可湿性粉剂 800 倍液或 80％代森锰锌可湿性粉剂 1 200 倍液，喷洒叶面，5～7 天用药 1 次，交替用药 2～3 次。

（3）主要虫害的药剂防治

韭蛆 迟眼蕈蚊（韭蛆成虫）盛发期，可用 75％灭蝇胺 3 000 倍液或 25％噻虫嗪 3 000～4 000 倍液喷雾防治；4 月上中旬和 9 月中下旬，幼虫发生期，可用 1.1％苦参碱粉剂 500 倍液，或 1 亿～3 亿孢子/毫升白僵菌液，加 0.01％洗衣粉黏附剂灌根防治；也可用 4.5％

高效氯氰菊酯乳油 10～20 毫升喷雾防治。

潜叶蝇、蓟马 潜叶蝇和蓟马危害发生初期，可用 75％灭蝇胺 3 000 倍液，或 5％甲氨基阿维菌素苯甲酸盐 2 500 倍液，或 25％噻虫嗪 3 000～4 000 倍液喷雾防治，用 5％氟虫脲乳油 2 000 倍液喷雾防治。

(4) 化学除草 一年内可使用一次化学除草，杂草出土前用苗前除草剂 33％二甲戊灵悬浮剂 1 000 倍液，封闭后注意保护药膜。出苗后的杂草防治，每亩可用 24％烯草酮 20～40 毫升兑水 30 千克喷施防治杂草。

9. 收储温度 收割宜在清晨进行。贮藏适宜温度为 0～4 ℃。

（十）薹韭栽培技术

薹韭以产薹为主，兼产韭黄或韭青。韭薹目前是一种高档蔬菜，生产效益较高，保护地栽培可在 4 月初至 5 月下旬上市供应；露地栽培在 6 月下旬开始采收上市，可延续到 9 月初。其栽培要点如下：

1. 选用薹韭品种 如平顶山市农业科学院研究育成的平丰薹韭王、铜山早薹韭、年花韭、江西吉安薹韭等。

2. 稀植栽培 薹韭一般不直播，多采取育苗移栽，按行距 40 厘米、株距 4 厘米定植，亩种植密度 16 万株左右。

3. 适当早割多割 薹韭具有早割早冒薹，多割多冒薹，晚割晚冒薹，少割少冒薹，不割晚冒薹的特性。因此，要适当早割、多割。保护地栽培一般当年栽的薹韭在大雪前后覆盖，春节前后只收割一茬；多年生薹韭在小雪至大雪覆盖，春节前收割一茬，春节后视其情况，若生长比较旺盛可再收割一茬。每茬韭菜的高度以不超过 30 厘米为宜，以防营养损失过大，导致韭薹减产。

4. 加强肥水管理，壮苗促薹 薹韭需肥量大，耐肥能力强。立秋前要少浇水、少施肥，以控苗生长，在立秋后叶片旺盛生长期就要开始加强肥水管理，以施氮肥为主。一般每隔半月追施 1 次尿素化肥。抽薹期要氮、磷、钾化肥配合施用，抽薹前可亩施磷酸二铵 50 千克、硫酸钾 15 千克，水分不足容易导致韭薹纤维含量增加，丧失柔嫩之特点，所以，在冒薹期间要间隔7～8天浇1次水，并随水亩施尿素20千克，促使韭薹高产。另外，920植物生长素可以明显促进薹韭植株分蘖、叶片生长和韭薹抽生。在叶片生长期和韭薹抽生初期，分别喷施适宜浓度的920植物生长素，不仅可增产20％以上，而且韭薹颜色嫩绿，脆嫩感强，长短一致，品质提高。

5. 搭架防倒伏 薹韭停割后，高达40厘米时，要因地制宜及时设架防止倒伏。

6. 及时收获 一般当韭薹高40～50厘米，花苞尚未膨大时，选清晨或傍晚趁韭薹脆嫩之时拿下，采摘要彻底。另外，采摘要及时，过早会影响产量，过晚纤维含量增加，品质较差。采收后一般0.5千克左右扎成一把，若干把捆成一捆，并浸入水中保鲜或出售。

（十一）韭黄生产技术

韭黄也叫韭芽，是韭菜人为采取隔绝光线措施，完全在黑暗中生长，因无阳光照射，不能进行光合作用，合成叶绿素，就会变成黄色，称之为"韭黄"。韭黄为韭菜经软化栽培变黄的产品，因不见阳光而呈黄白色，其营养价值要逊于韭菜，但韭黄的种子和叶子等可以入药，具有健胃、提神的功效，一般人群均能食用。韭黄的培育方式多种多样，这里主要介绍一下一般大田和室内韭根栽培韭黄的种植技术。

1. 大田黑色塑料膜覆盖栽培法

（1）品种选择 可选择航研998、韭之皇、韭宝、平丰6号等生长速度快长势强的品种。

（2）栽培地块的选择 选用土地肥沃，排灌条件便利的地块，但尽量不接重茬地或葱蒜茬地。

（3）栽培技术

育苗 亩用种量1.25千克，每0.1千克用苗床6米^2，亩用苗床75米^2。育苗畦宽1.0～1.4米，整地时不施或少施基肥，深翻30厘米左右，翻后用爪钩耥平，穿平底鞋踩平，再耥平定型。播前将韭菜种子用水浸泡20个小时左右，用2‰～3‰多菌灵可湿性粉剂拌种后待用。

春播一般在 3 月下旬至 4 月中旬，播种在畦面上按 75 厘米的行距开好东西向，底面平整，深 18～20 厘米左右的播种沟即形状为凸凹形。挖松沟底，再把沟底轻轻压平并撒一层薄薄的细沙把土壤空隙填平。再次精心整平，以免防止种子出苗不齐，种子播种要覆盖均匀，深度要一致，播种后盖一次薄薄的细沙，直至种子不外露，厚度为 1 厘米左右。接着再用腐熟的人粪尿浇盖籽，每亩需用 50％的人粪尿 1 500 千克。

喷施二甲戊灵等对葱蒜类生长没影响的除草剂，盖好地膜，两侧用土压实。当韭黄苗有 70％露头时，撤掉地膜，韭黄苗长到五片叶前后，5～7 天浇一次水，分两次随水追肥尿素 7.5～12.5 千克。移栽前 5～7 天停止浇水和追肥，进行蹲苗。不要在浇水后 2～3 天内取苗移栽，否则一茬新根全部长出（1～2 厘米），又鲜又嫩，移栽过程中难以保全，栽后长期不能另发新根，缓苗期加长，难以返旺。移栽时苗床过干可泼浇，稍停几小时后取苗。

定植 韭黄苗定植畦要干地整畦，重点把握畦土湿度适中。干畦开沟浇水定植。湿畦整地，土易板结，透气不良，新根难以生长。定植畦为东西走向，北侧与西侧夹风障，畦宽 2.2 米，长 30 米，两畦间距 1.4 米，每隔两畦夹风障一道，风障高 1.5 米。

有机优质农家肥在 4 月下旬就做好发酵准备，到 6 月下旬必须充分发酵好，准备定植用。定植前每亩施腐熟有机肥 5 000 千克，生物肥 20 千克，尿素或磷酸二铵 20 千克，过磷酸钙 150 千克，硫酸钾 35 千克，硫酸锌 3.5 千克，硫酸锰 5 千克，硼砂 1.5 千克，硫酸亚铁 3.5 千克。

一般从每年 6 月韭黄苗 4～5 片叶，高 20 厘米时开始移栽定植。移栽时尽量保持完整的根系，又不让幼根长出。按合理密度移栽，定植深浅得当，浇水适量，用药恰当。定植行距一般 30～35 厘米，丛距 15～20 厘米。定植前要将韭黄苗按大小分级移栽，大苗定植在韭垄中部，小苗定植两头。定植深度以 7～10 厘米为宜，不能埋住叶心。要特别注意韭黄苗移栽的深浅，苗栽的过深，分蘖晚且少，以后生长不旺，栽的过浅易散撮。韭黄苗定植后，应及时浇一遍定根水，使根部与土壤紧密结合，5～7天后喷药一次，预防病虫害的发生。

管理技术　韭苗移栽后，要立即浇透水，划锄、保墒，使畦面见干见湿，7～10天后再浇一遍缓苗水，促进成活。缓苗后，新叶出现时，要结合浇水追肥一次，每亩追施尿素15～20千克，或腐熟有机肥1 000千克。韭黄常年生长，需肥量大，要根据不同栽培目的和不同时期的生长特点及对水肥的需求，合理施肥浇水，有促有控，灵活运用，主要做到春季重施土杂肥、控制浇水，7月下旬至8月末注意排涝，不施肥，秋季前期水肥齐促，中期控制肥水，后期停水控长，10月下旬浇一次透水。

黑色塑料膜覆盖栽培　韭黄栽培是使韭根处于适宜的温度、湿度及黑暗的条件下，依靠自身贮藏的养分生长，在形不成叶绿素的情况下，生产出肥嫩可口、风味极佳、颜色淡黄、纤维素极少、质地柔嫩的韭菜植株即韭黄。春夏秋季节，用黑色塑料薄膜覆盖韭菜，就可满足无光、保温、保湿的软化栽培条件，生产软化的韭黄。

扣棚的方法及盖前管理：塑料薄膜拱棚覆盖一般为东西向，畦长15～20米、宽1.5米为宜，用10号细钢筋做支架，在韭畦上弯成圆拱形，两端插入地下约20厘米，每隔50厘米一根，拱顶离畦面50厘米，架上用黑色塑料薄膜盖严，并加以固定。畦的两端插入遮光板，以便放风遮光。另外，为调节温度还要准备草苫，草苫的长宽以畦而定，以上准备工作要在10月中旬完成。盖薄膜前要先清除韭畦内的枯叶杂草，用韭铲铲去未回秧的地上绿色部分，伤口愈合后，浇透水一次，2～3天后再进行覆盖。

覆盖后的管理：黑色薄膜与其他薄膜不同，它吸光性强、增温快、温度高。因此，冬春两季覆盖，要注意降温、通风管理。覆盖初期畦的两端通风口处插入遮光板，以防阳光射入畦内。为防高温高湿，避免叶片腐烂，还应在棚的两侧近地面处，每隔3米埋一瓦筒，加强通风换气。第一茬韭黄的生长处于冬季低温季节，棚内温度较低，可在棚顶加盖草苫，早上揭晚上盖，提高棚温，利于韭黄生长。第二茬以后气温逐渐升高，棚内温、湿度加大，应增加两侧瓦筒密度，在原有的瓦筒中间增埋一个，延长两端放风时间。白天中午阳光强烈时，可盖草苫降温，使棚内保持温度20℃左右，60％～70％的湿度，满足韭黄健壮生长的需要。黑色塑料棚覆盖栽培可缩短韭黄的生长期，增加收割次数，如在收获期内及时追肥浇水，避免植株脱肥早衰，就可获得较高的产量。

2. **瓦罐生产韭黄栽培技术**　瓦罐生产韭黄一般多在 4～10 月进行生产，每生产一茬韭黄要养根 3～4 个月，该方法生产韭黄产量高，品种好，但投资相对较大。

(1) 定植密度　每亩用种量 0.6 千克左右，穴栽，行距 30～35厘米，穴距 25 厘米，每亩地 7 000～8 000 穴，每穴 6～8 棵。

(2) 定植后及时浇水　及时浇水是保证幼苗成活的关键，10 天缓苗后，待新根扎稳，新叶出现时，要浇水施肥一次，每亩追施尿素 15 千克。以后要加强肥水管理，结合浇水追肥 2～3 次。

(3) 瓦罐生产韭黄

瓦罐选择　选择质密底厚，保温性能好的瓦罐，在夏季阳光强照下，温度升高亦对韭黄影响不大。一般瓦罐高 40 厘米，罐口直径13～15 厘米，罐底直径 7～10 厘米。

韭黄种植与扣罐　加强肥水管理，防治病虫危害，促进韭菜生产健壮，多积累营养物质，达到根株健壮之目的。扣罐前先割去地面上的青韭，然后浅锄，追浇水，停 2～3 天韭菜芽露出地面，将瓦罐一个一个扣到每穴韭菜上，罐口周围用土封严，避免透光。

扣罐后的管理及收获　扣罐后要经常保持土壤湿润，若土壤缺水可在下午 4 点后浇水，夏季若阳光过强，应在罐底及向阳方向盖遮光物，以免罐底、罐身过热烧坏韭黄，影响品质。韭黄生长速度因气候而异，一般 6～8 月气温高，生长速度快，10～15 天即可收割，4～5月及 9～10 月温度相对较低，一般 15～20 天才能收割。

3. **室内韭根栽培法**　近年来，随着韭菜种植模式的创新，在一些地方逐渐形成了温室大棚早春茬瓜菜-大棚秋延后韭菜一年两茬种植模式，温室大棚秋延后韭菜收获 1～2 茬后，形成了大量的韭根，常被废掉或打碎在田间，是一种较大的浪费，用韭菜根室内生产韭黄，既能避免韭根浪费，又能延长大棚蔬菜生产产业链条，增加生产效益。

(1) 温室大棚生产韭菜后可产韭菜根情况　一年生大棚秋延后韭

菜，一般春天 4 月播种，6 月底定植，10～12 月生产两茬后收获。韭菜收后可刨出的韭根情况：到刨根时每穴有韭根 17～20 株，大致洗去泥土后留须根 3 厘米左右，假茎 2 厘米左右，每穴根重 60.3～62.7 克，平均单株根重 3.14～3.55 克。一般每亩定植 25 厘米×20厘米行穴距，每亩约 13 334.0 穴，大约每亩可刨出韭根 820.0 千克；每亩定植 20 厘米×20 厘米行穴距，每亩 16 667 穴，大约每亩可刨出韭根 1 025.0 千克，即每亩可刨出能室内生产韭黄的韭根 820.0～1 025.0 千克。

（2）韭菜根室内生产韭黄情况　通过试验，按上述标准室内水培栽植韭黄，半月后可收获第一茬韭黄，韭黄长 20～25 厘米，每千克韭根可产出韭黄 0.25～0.3 千克，即每亩韭根第一茬可产韭黄 250 千克左右。

需栽培床面积　根据试验情况，每平方米栽培床面积栽培韭根21.43～23.21 千克较好，转化率较高；每亩韭根需栽培床 36.77～45.96 米^2。

生长情况观察分析　一是完全黑暗生长颜色较黄，比有一定散射光的生长快，10 天可相差 5 厘米长，转化率也偏高。二是有一定散射光线的生长较慢，转化率也不高，转化率可差 2～4 个百分点。三是有一定蓝光、红光生长较快，但韭黄略带绿色。

第二茬生产情况　第一茬收获后继续培养，需要 25 天才能长出第二茬（长 20～25 厘米），但生长较弱，每千克韭根还可产出韭黄0.1 千克左右，转化率在 7％～11％。两茬转化率在 30％～33％。如果一茬转化率在 30％以上，没有必要培养第二茬。另外，在培养过程中适量应用营养液可增产 5％以上。

三、大蒜生产关键技术

大蒜原产亚洲西部高原地区，在我国栽培历史悠久。它适应性强，耐贮运，供应期长，各地普遍栽培。大蒜产品营养丰富，味道鲜美，能增进食欲，并能抗菌消炎，防治心血管等多种疾病，是人们喜爱的佐食，也是医药、食品、饮料生产、化妆品、工业用品等的重要原料。种植大蒜前景广阔。

（一）大蒜的生物学特性

1. **根**　大蒜的弦线状须根着生于茎盘下，其主要根系分布在25厘米内的土层中，横展直径为30厘米。大蒜播种后，根系伸长很快。发芽期间大蒜的根先发生在靠近蒜瓣背面茎盘的边缘上。在大蒜生长过程中，根系随着茎盘的扩大不断更新，并发生大量不定根，在大蒜分瓣期表现更为突出。

2. **茎**　在营养生长期茎为扁圆形的短缩茎，称为茎盘。茎盘的基部和边缘生根，其上部长叶和芽的原始体。其中顶芽着生于中央，并被数层叶鞘所包被。大蒜通过一定的低温和长日照条件之后，顶芽开始分化成花芽，条件适宜则形成花薹。与花芽分化的同时，内层叶鞘基部也有侧芽形成。这些侧芽是形成蒜瓣的基础。茎盘在大蒜生长初期组织较嫩，鳞茎成熟后，茎盘干缩硬化。

3. **叶**　大蒜的叶由叶片和叶鞘两部分组成。叶片扁平披针形，叶色由绿到暗绿，表面有蜡粉。在花芽分化以前，短缩茎上的顶芽不断分化叶的原始体，一般在播种时，已具5枚。播后继续分化新叶，顶芽开始分化花芽之后，新叶分化终止，叶数不再增加。叶片数目依品种而有不同，一般紫皮蒜7~9片，白皮蒜11~13片，两枚初生叶在分瓣后逐渐凋萎。叶鞘呈圆筒形在茎盘上环状着生。多层叶鞘抱合成茎状，称假茎。假茎除有同化功能外，又是营养物质的临时贮藏器官。一般叶数越多则假茎越长、越粗。当鳞茎成熟时，外层叶鞘基部的营养物质逐渐移到鳞芽，因而使其干缩成膜状。由于鳞茎被膜状鳞片的包被，所以鳞茎才得以长期保存。

　　大蒜叶片生长对光照要求不严格，无光的条件下，可利用蒜瓣中的养分进行软化栽培。大蒜叶的分生带在叶鞘的基部，因此青蒜栽培和蒜黄栽培，均可采取分次割收。

　　4. 花及种子　大蒜花薹包括花轴和总苞两部分。在总苞中有花和气生鳞茎，但多数品种只抽薹不开花，或虽可开花但花器退化不能结实。据研究，大蒜花器退化不结实的主要原因是由于性细胞在发育过程中得不到足够的营养物质而中断发育死亡，故不能形成种子。叶部的营养物质99％输送到鳞茎，只有1％输送到花薹中。一般品种可以在总苞内着生数个至几十个气生鳞茎，又称蒜株或天蒜，其构造与蒜瓣相似，唯个体甚小，可用以繁殖、复壮。

　　5. 蒜瓣（鳞芽）　鳞芽发生在短缩茎上。紫皮蒜品种的鳞芽发生在靠蒜薹周围的1～2叶腋处，每一叶腋分化出2个以上鳞茎，位于中间的为主芽，两旁的为副芽，主、副芽均可肥大成蒜瓣，故紫皮蒜多数为4～6瓣。每个蒜瓣外面都被2～3层鳞片所覆盖。覆盖鳞片最初也较肥厚，以后随着蒜瓣的肥大逐渐变薄，最后和外面几层叶的叶鞘一起干缩成为蒜皮。在食用鳞片的基部中央有几个互生的叶原始体，由这几个叶原始体组成芽，以休眠芽的形式潜伏存在，在度过生理休眠期之后，于适宜的条件下就会萌芽，新生的芽从蒜瓣顶端的发芽孔中伸出（视频12）。

视频12
大蒜鳞芽及花
芽分化期管理
技术要点

　　6. 大蒜的生育期与栽培季节　大蒜生育期的长短，因播期不同有很大差异。春播大蒜的生育周期较短，一般90～110天，秋播大蒜生育周期较长，一般220～280天。选定适宜的栽培季节是获得丰收的关键。栽培季节的确定，要根据大蒜生产目的和大蒜不同生育时期对外界条件的要求，以及各地区的气候条件而定，一般北方地区以北纬 35°～38°为大蒜春播和秋播的分界线。35°以南地区冬季不太寒冷，幼苗可以露地过冬，次年初夏收获，多以秋播为主，主要包括河南、山东、陕西省关中和陕南、晋南、冀南各地。38°以北地区，冬季严寒，幼苗不易安全越冬，宜在早春播种，夏至前后收获。主要包括东北各省、内蒙古、甘肃、新疆、陕北、山西与河北北部地区。在35°～38°之间的地区，春、秋均可播种。

大蒜的播期严格受季节的限制，主要取决于土壤封冻和消冻日期。秋播地区适于播种的日均温在 20～22 ℃，豫北区在 9 月上中旬越冬前幼苗长出 3～5 片真叶为宜。秋播大蒜由于在幼苗期有较长期的低温条件，能顺利地完成春化过程，所以，花芽和鳞芽提早分化，并在高温长日照来临之前，有足够的时间进行营养生长，为蒜薹和蒜头生长奠定了基础，因而秋播大蒜产量较高。春播地区土壤消冻为播期的标志，日均温度一般在 3～6.2 ℃时，豫北地区在 2 月底至 3 月初，随着地理纬度的增加，春播日期将向后推移。春播大蒜的生育期较短，特别是幼苗期比秋播显著缩短，对大蒜的抽薹、分瓣将有一定影响，生产中应尽量早播，以尽可能满足春化过程对低温的要求。如春播过晚，将出现不抽薹、少分瓣或不分瓣的现象，影响产量和质量。春播和秋播，虽然播种季节差异很大，但收获期都比较接近，这是因为鳞茎形成要求高温和长日照，平均温度 26 ℃是大蒜进入休眠期的临界温度。所以，无论播期早晚，都要在夏季高温来临前收获。

（二）大蒜对环境条件的要求

1. 温度　大蒜喜冷凉的环境，生长适宜温度为 12～26 ℃。种蒜在开始发芽、发芽及幼苗期最适温度为 12～16 ℃。幼苗期极耐寒，可耐−7 ℃的低温，能耐短时间−10 ℃的低温。鳞芽分化形成期适宜的温度条件为 15～20 ℃，抽薹期适宜温度为 17～22 ℃，鳞茎膨大期适宜温度为 20～25 ℃。温度较低时，鳞茎膨大缓慢；温度过高，膨大速度加快，但植株提早衰老影响产量。若 26 ℃以上高温时间较长，叶片易干尖枯黄，鳞茎也将停止生长。大蒜种瓣萌动后，可接受低温影响。在 0～4 ℃条件下，经过 30～40 天可完成春化作用。

2. 光照 大蒜要求中等光照，不耐高温和强光。长日照是鳞茎膨大的必要条件，在 13 小时以上的长日照条件下，温度 15～20 ℃，可促进鳞茎的形成。短日照而温和的气候，有利于蒜叶的生长。较强的光照可提高光合作用，但使叶片纤维增多。因此，培育蒜苗产品时，适宜弱光条件，甚至可在无光的条件下培育蒜黄。

3. 水分 大蒜具有耐旱的叶形和喜湿的根系，对土壤湿度的要求很严格。播种至出苗前，土壤应湿润。幼苗期土壤应见干见湿，并防止因干旱致叶片黄尖，抑制幼苗生长。在叶片旺盛生长期需水较多，要多浇水催秧、催薹快长。采薹期前，应控制水分，使植株稍蔫，以利采薹。采薹后立即浇水，以促进植株和鳞茎生长。鳞茎膨大期必须充分满足水分供应。收获前，节制供水，促进蒜头老熟，提高质量和耐贮藏性。据测算，每亩大蒜一生需水 400～450 米^3。

4. 土壤与营养 大蒜对土壤种类要求不严，但以富含有机质的肥沃壤土较为适宜，土壤酸碱度的适宜范围为 pH 5.5～6.0。大蒜生长期长，产量高，全生育期吸收养分较多。大蒜对各种营养元素的吸收量以氮最多，钾、钙、磷、镁次之。各种营养元素的吸收比例为氮：磷：钾：钙：镁＝1：0.25～0.35：0.85～0.95：0.5～0.75：0.06。每生产 1 000 千克鲜蒜，需吸收氮 13.4～16.3 千克、磷 1.9～2.4 千克、钾 7.1～8.5 千克、钙 1.1～2.1 千克。大蒜苗期需肥较少，所需的营养多由母瓣供应。在叶片旺盛生长期和鳞茎迅速膨大期，需要的营养较多。大蒜的根系弱、吸收力差，而需肥又多，施肥时应多次、少量，施肥后注意立即浇水，以利吸收。

5. 贮藏条件 大蒜贮藏的条件一般是：温度－2.5 ℃左右，相对湿度 70%～75%，气调贮藏中气体成分是氧气 3%～5%、二氧化碳 10%左右。

（三）大蒜类型与优良品种介绍

我国地域广阔，在多年的栽培过程中形成了许多地方优良品种，品种资源十分丰富。按蒜瓣大小和多少，可分为大瓣种和小瓣种。大瓣种品种较多，一般每个蒜头有 4～8 瓣，蒜瓣整齐，个体大，味香辛辣，产量较高，适于各地栽培，以生产蒜头和蒜薹为主。小瓣种每个蒜头内有十几个蒜瓣，蒜瓣狭长，大小不整齐，蒜皮薄，辣味较浓，品质较差，蒜头、蒜薹产量都较低，以生产青蒜苗为主。按蒜头外皮的色泽可分为紫皮蒜和白皮蒜。紫皮蒜皮紫红色，蒜头中等大小，种瓣也比较均匀，辣味浓，多早熟，品质较好，适宜作青蒜苗栽培，也可作蒜薹和蒜头栽培。白皮蒜，鳞茎外皮白色，头大瓣少，皮薄洁白，黏辣郁香，营养丰富，植株高大，生长势强，适应性广，耐寒，晚熟，蒜头蒜薹产量均高，也可作保护地多茬青蒜苗栽培。

1. **苍山大蒜** 白皮蒜种有蒲棵、糙蒜、高脚子三个品种。

蒲棵 冬播蒜，生育期 240 天左右，系中晚熟品种。株高一般 80～90 厘米，高者可达 1 米，假茎高 35 厘米左右，粗 1.4～1.6 厘米。叶片呈条带状，绿色，互生，扁扇形排列，有叶 10～12 片。冬前幼根 30 条左右，春季生长旺盛期达 90 条左右。薹为绿色，总长 60～80 厘米。蒜头重一般 30 克以上，每头多为 5～7 瓣，一般亩产鲜蒜头 1 000 千克以上，亩产蒜薹 500 千克以上。

糙蒜 冬播蒜，特点是早熟，生育期 230～235 天。常年在 5 月中旬抽薹，6 月初起蒜，比蒲棵品种早熟 5～7 天。抗寒性较蒲棵差，长势旺，具有一定丰产性。一般株高 80～90 厘米，假茎较细较高，长 35 厘米左右，粗 1.4～1.5 厘米，叶片颜色淡于蒲棵，为绿色，宽度较窄，根生长量也较少。薹长势近于蒲棵。蒜头具有头大、瓣大、瓣少、瓣齐、瓣高的特点，每头 4～6 瓣，其蒜头、蒜薹产量均相当于蒲棵品种。糙蒜因种瓣整齐度高、蒜瓣大，用种量较多，每亩地一般在 50～100 千克。植株生长紧凑，叶片与假茎间构成角度小，可适当增加密度。适于地膜覆盖栽培。其耐寒性比蒲棵差，播种时可先播糙蒜，使冬前蒜苗生长健壮。越冬前及时覆盖杂草、麦糠，以利安全越冬，春促早发，后防脱肥早衰。

高脚子 冬播蒜，生育期 240 多天，比蒲棵晚熟 3～5 天。长势良好，适应性强，较耐寒，具有丰产性状，产量高。植株高大，一般为 85～95 厘米，假茎也高，一般 35～40 厘米，粗 1.4～1.6 厘米。叶片肥大为浓绿色，绿色面积大。根系发达，吸收能力强。蒜薹粗长、蒜头大、瓣大、瓣高、瓣齐、蒜头产量高于蒲棵及糙蒜品种，蒜薹产量也高。

2. 应县大蒜 以紫皮蒜为主，代表品种有小石口大蒜。该品种植株长势旺盛，叶片深绿；蜡粉中等，蒜头外皮淡紫色。横径 4.5～5 厘米，纵径 3.5～4 厘米，个头重 30～40 克，多数 4～6 瓣，极少数 8 瓣，蒜瓣较大，肉质细密，极辛辣，香辛味浓厚，蒜泥隔夜仍保有浓烈的香辛味，品质上乘。一般亩产 750～1 000 千克蒜头。

3. 来安大蒜 来安大蒜品质优良，属白皮蒜，可生产青蒜、蒜薹、蒜头，全生育期 240 天。植株叶片宽厚，深绿，有蜡粉，扁平带状。株高 100 厘米左右，假茎高 40 厘米，叶 9～11 片，叶宽 2 厘米，长 30～50 厘米，叶肉厚，根系发达。蒜头白皮白肉，蒜瓣肥大，每蒜头 6～7 个蒜瓣，多则 10 余瓣，味辣，质嫩脆，易脱皮，适宜脱水加工，平均蒜头单重 40 克，亩产蒜头 750 千克左右。蒜薹粗长，平均长 60 厘米左右，单根重 35～40 克，色泽清秀，绿色，食之甜辣嫩脆，耐贮存运输，亩产蒜薹 500～600 千克。本品种适应性强，耐寒、耐旱、早熟、高产、耐贮运，供应期长。

（四）大蒜各生育阶段特点及露地栽培技术

1. 播种前与播种管理 大蒜栽培忌连作，农谚有"辣见辣，苗不发"之说。大蒜对土壤适应性较强，但由于其根系浅，吸收能力弱，适宜在肥沃的轻壤土或壤土地块栽培，并要求排灌方便。在播种前应掌握以下几点。

（1）深耕细作 前茬作物收获后，抓紧抢茬耕翻，如果离播种时间还长，土壤处于板结状态，耕翻后应进行晒垡，接纳雨水，熟化土壤。若遇秋旱则应抢墒耙糖，保好墒情。播种前施足基肥后，再耕翻一遍，纵横细耙 3～5 遍切实做到地平、土细、耕层松透、墒情良好，以利播种。一般以耕深 20 厘米为宜，切忌一次耕翻过深生土层过多，而影响土壤肥力，如果耕层浅需要加深可逐年加深。

深耕细翻时，要结合增施有机肥料，深层施肥或分层施肥，以加快土壤熟化。肥料多时可分层施，在深耕前铺施一部分，通过深耕，翻入深层土壤，在第二次进行浅翻时，再铺施一部分，翻入耕作层内。肥料少可一次铺施随翻入土。深翻时一定要注意生土在下、熟土在上的原则，如翻上生土过多，将直接影响大蒜根系生长。要整平畦面，地面比降要因地因水源条件来确定。一般土质好，水源足的比降小一点，土质差，水源缺则比降应大一点，要求灌水均匀，不冲，不淤，不积水，不漏浇。

（2）增施肥料 原则上应坚持以有机肥料为主、化肥为辅，基肥为主、追肥为辅，粗肥细施、化肥巧施的施肥原则，以最大限度地满足大蒜生长发育过程中对氮磷钾等营养元素的需要。

有机肥料以养分全面、肥效长、作用大而著称，应尽量多施。一般要求亩施优质土杂肥 3 000 千克以上，有条件时，可每亩增施棉籽饼 50～100 千克或豆饼 50～100 千克。在施足底肥的基础上，还应根据生育规律搞好追肥。

（3）精选蒜种 留种用大蒜收获后随即进行晾晒，待晾干后，选择头大、瓣齐、瓣少（多为 4～6 瓣）的蒜头，留作种用，带秸单独贮藏起来。秋播前把留种用蒜头再精选一遍，凡因贮藏不善霉烂虫蛀、干疮、有病斑、沤根的都要清除。随时进行掰瓣，要去掉茎盘、茎踵，剔除破烂蒜和脱皮蒜，否则会影响到种瓣的吸水、发根及幼苗生长。在掰瓣的同时，要进行分级。好蒜种一般分为三级，一级、二级作种用，三级因蒜瓣过小不宜作种用，可作为青蒜或蒜黄的播种材料。若蒜种质量太差，则分为四级。播种时先播一级、二级种瓣，三级种瓣尽量不用，四级则不宜作种用。分级播种能使植株生长一致，有利于管理和高产。一级种瓣每百瓣重 500 克以上，二级种瓣每百瓣重 400 克以上，三级种瓣每百瓣重 300 克以上。选用一级、二级作种，每亩用种瓣量在 150～250 千克，种瓣大，贮藏营养多，在同样条件下生长及产量等均优于种瓣小的。

（4）适期播种 豫北地区多以秋播为主，一般在秋分前后播种，播后 7～9 天出苗，冬前植株高达 25 厘米以上，叶片可达 5～7 片，根系 30 条左右，有利于安全越冬和翌年生长发育。冬前幼苗生长健壮，并为年后营养生长和生殖生长打下基础。如果播种过早，冬前营养体过大，消耗养分多，管理跟不上，后期植株易出现早衰现象，影响产量。如果霜降以后播种，往往因播种过晚，单株营养体小，绿色面积也小，干物质积累少，产量就低，故应尽可能做到适期早播。进行春播蒜种植的，则应掌握在土地解冻后播种，也以早播为宜。群众有"种蒜不出九"的经验之说，这是由于大蒜通过春化阶段需要30～40天0～4℃的低温才能完成春化。这样才能形成薹并分化蒜瓣。播种过晚则易形成无薹的独头蒜，影响产量。

（5）合理密植 据试验，亩栽植密度低于3万株太稀，不能充分利用地力与光能而影响产量；但亩栽超过5万株的，往往由于土壤肥力低而影响蒜头的质量，经济效益不高。由此，大蒜一般行距20厘米、株距9.5～10厘米，亩栽3万～3.5万株为宜。地力好，施肥足，管理水平高的田块，可采用行距20厘米、株距9.5～8.3厘米的种植方式，亩栽植3.5万～4万株。

（6）播种方法 大蒜适于浅栽，栽植过深，则出土晚，幼苗弱，后期鳞茎膨大会受到抑制；但栽植过浅，生根后易把蒜瓣顶露出地面，或蒜瓣离地面很近，后期高温日晒，易使蒜头早期发红，蒜皮硬化，影响发育。一般覆土厚度为3～5厘米，播后适当镇压。

2. **播种后管理** 根据大蒜生育期中不同阶段的特点，一般可分为以下几个生育阶段。

（1）发芽期 大蒜播种以后，从开始萌芽到初生叶展开为发芽期。大蒜在3～5℃即可开始发芽，12℃以上发芽速度加快，20℃左右是发芽最适温度。发芽期的长短因地区品种和播期不同而异，一般需10～15℃。在种瓣栽植前，茎盘基部已发生许多幼根的原始体，栽后即成束长出，以后根数增加缓慢，而根长则迅速增加。

发芽期以防土壤板结为主，可中耕保墒促其发根出苗。

（2）幼苗期 由初生叶展开到鳞芽和花芽开始分化为止为幼苗期。适于幼苗生长的温度是14～20℃，但幼苗能耐短时期的低温（-5～-3℃）。春播苗期约需25天，秋播有较长的越冬期，约需5～6个月。苗期根系继续扩展，并由纵向生长转向横向生长，新叶也不断分化和生长，为鳞芽花芽分化奠定了物质基础，到本期末新叶分化结束。大蒜从萌芽到幼苗生长，是依靠种瓣供给养分的，当养分被幼苗吸收利用后，蒜母就开始干瘪，称为退母期。大蒜幼苗期不断生根长叶，生长比较缓慢，鳞芽、花芽也处于刚刚分化阶段，光周期在本期内完成。在栽培上要创造适宜的水、肥条件，以使幼苗健壮生长。

秋播大蒜幼苗期较长，主要生长季节在秋末和初春，管理工作的目标是使幼苗生长健壮，防止徒长和提早烂母瓣，保证幼苗安全越冬。出苗后以中耕除草松土保墒为主，促使根系向土壤深层扩展，防止幼苗徒长。特别干旱时也应浇小水，浇水后及时中耕。为了保护幼苗安全越冬，冬前可覆盖一层圈粪并浇一次封冻水。翌春幼苗返青后，及时浅锄松土，然后浇好返青水，追施返青肥。返青期后大蒜对氮素的吸收量和吸收强度逐渐上升，生长中后期对氮素的需要量较大，所以，返青后应追施总氮肥用量的30%。一般亩追施尿素20千克左右，同时还可追施少量钾，可亩施硫酸钾5千克。

(3) 鳞芽及花芽分化期　由鳞芽及花芽开始分化至分化结束，为鳞芽及花芽分化期，所需天数约10天左右。此期新叶分化停止，转入以叶子肥大生长为主，适于叶子生长的温度为12～16℃。温度过高，叶子的发育被阻碍。鳞芽及花芽分化期是大蒜生长发育的关键时期。此期植株生长迅速，植株需要的养分增多，同时母瓣已消失，如果养分供应暂时不平衡会出现叶片黄尖现象。

(4) 蒜薹生长期　花芽分化结束到蒜薹采收为蒜薹生长期，此期约需30天左右。蒜薹在初期生长缓慢，而后生长加快，当蒜薹露出叶鞘到白苞时采薹，约15天左右。但是蒜薹的发育与外界环境条件有着密切关系，特别是与温度和光照条件关系密切。蒜瓣萌动开始至幼苗期，如遇0～4℃的低温，经过30～40天就能完成春化过程，之后在13小时以上的日照和较高的温度下，可完成光周期反应，这时茎盘的顶芽可转向花芽分化，再经过花器的孕育期，则可抽薹。如发芽后不能满足春化适温的要求，花芽就不能分化，则可能形成无薹蒜。另外，蒜的发育还受营养条件的影响，如种瓣太小、播种过迟、密度过大、肥力不足等，都会使植株叶片少、长势弱、营养物质积累少，不利花芽分化及蒜薹的发育，也能形成无薹蒜。

大蒜从鳞芽及花芽分化到抽薹是营养生长和生殖生长的并进期。在这一阶段叶片已全部长出，叶面积达到最大值，蒜薹迅速发育，同时鳞茎也在形成，植株生长量最大。除对氮素吸收量逐步上升外，此期对磷的吸收逐渐增强，约占总吸磷量的52.1%，平均吸收速率为

0.134 千克/亩·天，是大蒜对磷素营养元素吸收的
强度营养期。所以，此期开始可追施一些速效磷
肥，可亩施过磷酸钙 15 千克左右，也可喷施 0.5%
磷酸二氢钾溶液 1～2 次（视频 13）。此期对水分的
需要量也显著增加，应经常保持土壤湿润。

视频 13
大蒜蒜薹生长
期管理技术
要点

（5）鳞茎膨大期　由鳞茎开始分化，到蒜头收
获为鳞茎膨大期，此期约需 50 天左右，其中前 30
天与蒜薹伸长期重叠，在采薹前鳞茎生长较为缓
慢。采薹后，顶端生长优势被解除，养分大量输送至鳞茎，蒜头开始
迅速膨大。鳞芽的分化需要有一定的日照时数（13 小时以上）和较
高温度（15～20 ℃），同时还必须有同化物质的输入贮存为基础。如
果日照时数不足 13 小时，大蒜将继续分化新叶，而不能形成鳞茎，
长成蒜瓣。另外，如果它们在生长初期，没有遇到低温或营养不足，
花芽不能形成，侧芽也不能萌发，顶芽仍为营养芽，在长日照和温暖
气候来临时，外层叶鞘中的养分内移，只能使营养芽迅速膨大则形成
独头蒜。

大蒜鳞茎膨大期是吸收钾素的第二个高峰期，吸收速率高达
0.223 千克/亩·天，同时此期对氮素的需求量也最
大，应在抽薹时追施总氮肥施用量的 20% 左右，一
般可亩追硝酸铵 20 千克，同时也可亩追硫酸钾 5 千
克，并结合灌水，以充分发挥肥效，降低地温，避
免叶片早衰。还可继续叶面喷施磷酸二氢钾或钼、
锌、硼、锰、铜等微肥（视频 14）。在大蒜采收前
5～7 天停止浇水，防止土壤湿度过大，引起蒜皮腐
烂，蒜头松散，不耐贮存。

视频 14
大蒜鳞茎膨大
期管理技术
要点

（6）收获、贮藏期　蒜薹成熟后，应及时收获提薹，收早了提不
出薹子，影响蒜薹产量，收晚了不好提薹而且影响蒜薹质量和蒜头产
量。蒜薹成熟的标志：一是蒜薹弯钩呈大秤钩状，苞下边的轴与苞上
边的尾和苞，三者有 4～5 厘米长的一段距离呈水平状态；二是苞明
显地膨大了，颜色发白了；三是薹轴与倒一叶的接触处有 4～5 厘米
长的一段距离变成淡黄色。蒜薹的收获有强烈的时间性，要选择晴天

下午 1～3 时茎叶稍出现萎蔫状，提薹最好，因为这时蒜薹韧性较强，不易抽断。提薹方法是：一手抓住苞，领直路；另一手抓住变黄处（顶叶出口处），双手用劲要均匀，猛力提出蒜薹，薹长产量高。收薹时特别注意保护蒜叶，尤其是保护旗叶，防止旗叶和薹一齐抽下，以免影响养分的制造和运输，降低蒜头产量。蒜薹收获后，应当及时出售或入冷库贮藏，存放过久，则变黄老化，降低品质，减少收益。一般亩产蒜薹 150～250 千克，高者可达 500 千克。

蒜薹收获后 18～25 天，开始收获蒜头，其收获期应根据大蒜生长的成熟度来决定。收早了虽然皮薄、洁白，但对产量有一定影响且不耐贮藏，若市场价高也可适当早收上市；收晚了蒜头易散瓣，不便收获和贮存。当植株基部叶片逐渐干枯，假茎松软，上部叶片由褪色到叶尖向下，逐渐呈现干枯，如把蒜秸在基部用力向边压倒于地面后，表现不脆而有韧性，则为其成熟的标志。成熟了则宜抢收。大面积种植时，还应根据不同品种、土壤质地和湿度、天气阴晴变化，确定不同的地块收获次序。

蒜头收获后，要及时晾晒。可就地或找空闲地排放晾晒。排放的方法是，蒜叶盖住蒜头，主要是晒蒜秸、蒜叶。待蒜秸、蒜叶基本晒干后捆把，一般 50 头为一把，捆把后将蒜头立着晾晒。假茎变软后进行编辫，编辫后继续晒晾，待外皮干燥时即可贮藏。也可晒蒜头，晒至蒜秸干后，再行堆垛，头向外，上用席子或草苫子盖好，防雨淋，四周围箔帐，有利于蒜头呼吸放热，防止蒜头受潮。半个月倒一次垛，并进行晾晒，进入伏季后移进房内贮存。注意切忌过分暴晒蒜头，否则会使蒜头发绿，内部组织烫伤，导致贮藏时易腐烂。一般春播亩产 750～1 000 千克，秋播亩产 1 000～1 500 千克。

（五）大蒜需肥特性与配方施肥技术

1. **大蒜的需肥特性**　大蒜和其他农作物一样，在不同的生长发育阶段对不同养分的吸收量有很大差异。据河南省土肥站对大蒜各个不同生长发育阶段氮、磷、钾养分吸收量的分析测定表明，对氮素的吸收量和吸收强度表现为：越冬期较低，以后逐渐上升，至鳞茎膨大期达到最高峰；在分化期以前对氮素的吸收量占总吸收量的 30%，生长中、后期对氮素的需要量较大，分化至抽薹期占 28.6%，平均吸收速率为 0.216 千克（N）/（亩·天），鳞茎膨大期最多吸收量占总吸收量的 41.2%，平均吸收速率为 0.394 千克（N）/（亩·天）。所以生产上应注意后期追施氮肥。对磷素的吸收量和吸收强度表现为：分化前吸收速率较慢，吸收量占总吸收量的 27.8%，其中，冬前幼苗期吸收速率为 0.013 5 千克（P_2O_5）/（亩·天），越冬前更加缓慢，吸收速率仅为 0.002 7 千克（P_2O_5）/（亩·天），返青后对磷的逐渐增强，分化抽薹期吸收量占总吸收量的 52.1%，平均吸收速率上升到 0.133 8 千克（P_2O_5）/（亩·天），到鳞茎膨大期，磷的吸收速率又下降到 0.068 2 千克（P_2O_5）/（亩·天），所以说，大蒜分化抽薹期是磷素营养元素吸收的强度营养期，吸收量较多，较迫切，生产上在此期应注意追施速效磷肥。对钾素的吸收量和吸收强度表现为：冬前幼苗期吸钾量占钾素总吸收量的 10.5%，平均吸收速率为 0.031 千克（K_2O）/（亩·天），越冬期吸收较少，吸收强度也低；返青期钾素的吸收出现第一高峰期，其吸收量占总吸钾量的 26.7%，平均吸收速率达 0.114 千克（K_2O）/（亩·天），是幼苗期的近 4 倍；分化抽薹期对钾素吸收减弱，平均吸收速率为 0.076 千克（K_2O）/（亩·天），吸收量占总吸收量的 15.4%；鳞茎膨大期是第二个吸钾高峰期，平均吸钾速率达 0.223 千克（K_2O）/（亩·天），占全生育期吸收钾总量的 45.0% 左右。所以，生产上应注意在返青期和鳞茎膨大期追施钾肥。另外，大蒜在整个生长发育过程中，对氮、磷、钾的总需要量是有一定比例的，一般在蒜头亩产量 1 000 千克以上的肥力水平地块，每形成 100 千克蒜头产量，约需氮 1.42 千克，五氧化二磷 0.44 千克，氧化钾 0.99 千克，N：P_2O_5：K_2O 为 1：0.3：0.7，说明大蒜需氮最多，需钾次之，需磷较少。但是大蒜的产量不同，对养分的吸收量也有一定的差异。据试验，在亩产 1 570 千克时，对肥料的吸收比例为 N：P_2O_5：K_2O 为 1：0.36：0.72，生产上按比例适量增施肥料，可明显增加大蒜对养分的吸收，充分发挥肥效，降低成本，提高产量和效益。

2. 不同施肥量对产量的影响

（1）**不同施氮量对大蒜产量的影响**　试验表明，在不同产量水平条件下，不同施氮量对大蒜的产量影响很大，施氮与不施氮蒜薹、蒜头产量的差异均达到显著水平，其基本趋势是：随着施氮量的增加，蒜头、蒜薹的产量增加，但每增施1千克氮肥增产的蒜头、蒜薹产量呈递减趋势，施氮肥量达到一定程度，产量不再增加，反而减少。产量与施肥量的数量变化符合 $Y=a+bx-cx^2$ 的抛物线模式。在肥力水平较高的潮土区（地力基础产量在1 000千克/亩以上），蒜头产量（Y）与氮肥施用量的关系式为：$Y=1\ 290+24.72X-0.429X^2$，$r=0.99$。

经拟合计算最高氮肥施用量为28.75千克（N）/亩，经济最佳施氮量为27.4千克（N）/亩。在中等肥力条件（基础地力产量500～1 000千克/亩）地块，合理施氮量应控制在30千克（N）/亩。

（2）不同施磷量对大蒜产量的影响 由于大蒜根系不发达，根系吸磷能力较差，大蒜在土壤磷素极丰富的条件下方能良好生长。在不同速效磷含量土壤条件下，大蒜产量与施磷量的关系表现不同。土壤速效磷（P）含量在21毫克/千克以下为中磷水平，增施磷肥效果显著；土壤速效磷含量在21毫克/千克以上为高磷水平，此时增施磷肥没有效果。在中磷水平地块，随着施磷量的增加，蒜头产量（Y）与施磷量（X）的关系式为：$Y=1\ 423.48+24.274\ 6X-0.758X^2$，$r=0.97$。据此，计算出经济最佳施磷量为12.2千克（$P_2O_5$）/亩。

（3）不同施钾量对大蒜产量的影响 土壤中速效钾含量水平不同，增施钾肥的效果有较大差异。土壤速效钾含量（K）超过120毫克/千克为较高含量水平，增施钾肥效果不明显；当土壤速效钾含量（K）在120毫克/千克以下时，增施钾肥对蒜头有明显增产作用，但随着施用量增加，对蒜薹产量有负作用。蒜头产量（Y）与施钾量（X）二者关系符合关系式：$Y=1\ 236.65+32.528X+1.674\ 7X^2$。据此求得在较低含钾量水平条件下，经济最佳施钾量为8.9千克（K_2O）/亩。

（4）不同氮、磷配比对大蒜产量的影响 根据氮、磷两因素最优设计试验，地力产量在500～1 000千克/亩的中等肥力地块，蒜头产量（Y）与施肥量效应方程为：

$Y=701.60+7.02\,N+9.96\,P-0.14\,N^2-0.37\,P^2+0.42\,NP$，最

佳施肥量为 N＝30 千克/亩，P（P_2O_5）＝20 千克/亩，N：P_2O_5 为 1.5：1，最佳目标产量为 1 095.6 千克/亩。地力产量在 1 000 千克/亩以上的高肥力地块，效应方程为：

$$Y＝1 306.98＋8.99 N＋28.29 P－0.14 N^2－1.35 P^2＋0.17 NP,$$

最佳施肥量为 N＝30 千克/亩，P（P_2O_5）为 9.0 千克/亩，N：P_2O_5 为 3.3：1，目标产量为 1 659.7 千克/亩。

（5）叶面喷施微肥对大蒜产量的影响 大蒜叶面喷施微肥比拌种效果好。一般比对照增产 9.6％～19.4％，特别是锰肥、硼肥增产效果显著，增产率为 19.4％和 17.9％，铜肥、锌肥、钼肥增产率分别为 13.4％、11.7％和 9.6％。以上几种微肥合理复合施用效果将更好。大蒜叶片吸收功能较强，叶面喷肥增产效果较好。叶面喷肥还可使大蒜蒜头的品级普遍提高，特别是锰肥喷施后较对照特级蒜增产 30％以上，提高了大蒜的商品价值。

3. 不同肥力类型区综合推荐施肥技术 综合多项试验结果，将大蒜合理施肥量的确定分为两种方法。一种是将地力分为高、中两个肥力等级，其高肥力类型地块一般亩产大蒜 1 000 千克以上，可在亩施优质农家肥 3 000 千克基础上，施 N 26 千克，P_2O_5 14 千克，K_2O 8 千克。N：P_2O_5：K_2O 为 1：0.54：0.31。中等肥力类型地块亩产大蒜 500～1 000 千克，可在亩施优质农家肥 2 000 千克的基础上，亩施 N 30 千克，P_2O_5 16 千克，K_2O 10 千克。N：P_2O_5：K_2O 为 1：0.53：0.33。另一种方法是在有条件进行土壤养分测验的地方，根据土壤测验的几项指标，来查配方施肥推荐卡确定施肥量（表 3-1）。

表 3-1 大蒜配方施肥推荐卡

肥力水平	指标			土壤养分含量				有机肥（千克/亩）	化肥配给量		
	产量（千克/亩）	品级（％）	有机质（％）	碱解氮（毫克/千克）	速效磷（毫克/千克）	速效钾（毫克/千克）			N	P_2O_5	K_2O
高	＞1 000	特级：20；一级：70	＞1	＞40	＜21	＜120		3 000	27	9～12	10
			＞1	＞40	＞21	＞120			27	6～9	0
中	＜1 000	特级：10；一级：75	＜1	＜40	＜21	＜120		2 000	30	12～16	10
			＜1	＜40	＞21	＞120			30	6～9	0

在施肥量确定后，应选择适宜的肥料品种、施肥时期和施用方法，一般基肥在犁地前均匀撒施地面（包括农家肥的全部，氮肥的50％，磷肥的80％，钾肥的60％），然后耕翻入土，耙后作畦播种。氮素化肥可选用尿素、硫酸铵、硝酸铵、碳酸氢铵，余下30％在返青期追肥，20％在抽薹后追施；磷素化肥可选用优质过磷酸钙，余下20％在返青后分化初期追施；钾素化肥可选用硫酸钾或氯化钾，余下的40％分别在返青期和抽薹后各追施20％。由于大蒜叶面吸肥能力较强，可在返青后叶面喷施0.5％的磷酸二氢钾溶液和0.05％钼酸铵、0.2％硫酸锌、0.5％硼砂、0.15％硫酸锰、0.15％硫酸铜溶液，任选一种或多种复合。每亩每次溶液量40千克左右。

（六）大蒜种植方法

1. 以生产蒜头为主的大蒜地膜覆盖栽培技术要点　大蒜采用地膜覆盖栽培，根系发达，茎叶生长旺盛，形成的蒜薹个粗质嫩，一般较露地栽培增产20％～25％，形成的蒜头大，不散瓣，品质好，一般较露地栽培增产30％左右。

（1）选择适宜的品种　地膜覆盖栽培的大蒜宜选用优质高产的紫皮蒜及大瓣型白皮蒜，如蔡家坡红皮蒜、苍山大蒜、徐州白蒜等。

（2）选地整地　地膜覆盖栽培，要选择地势平坦，土层深厚，耕层松软，土壤肥力高，保肥、保水性能较强的地块。水源不足、地面不平、土质瘠薄、肥力低下的沙质土壤，不适宜地膜覆盖。覆盖地膜之前，要进行深耕细耙，精细整地，清除残余根茬，达到地平、上松、细碎、无坷垃的要求，整地质量不好则直接影响覆膜质量，降低保墒、保温、保苗效果。

（3）施肥作畦　由于地膜覆盖大蒜不便追肥，要求以底肥为主，一次施足。一般亩施腐熟有机肥5 000～6 000千克，尿素30～40千克，过磷酸钙50千克，钾肥20～25千克。有机肥料和磷、钾肥料都应结合整地时翻入地下，尿素可部分结合开沟作种肥用，但用量不宜太多，以免烧种、烧根。畦向应与风向平行，多以南北畦为好，可减轻风对膜的掀刮，提高覆膜质量。一般依据膜幅做成小高畦，一般畦面宽70厘米，畦高8～12厘米，沟宽20～30厘米，应尽量窄一些，采用95厘米宽地膜，压膜时要牢固，紧贴在畦面上。

（4）精细选种　挑选直径5厘米以上的蒜头，选出无病、无破损、色泽洁白的蒜瓣作种瓣，去掉底部根盘，以利发根。播种前将选好的种蒜在清水中浸泡24小时，充分吸水，然后用多菌灵、辛硫磷拌种，防病治虫。拌种方法是每100千克蒜种用50%多菌灵可湿性粉剂400克、50%辛硫磷乳油200克，加水5千克拌匀。

（5）适时播种盖膜　一般覆膜大蒜比露地蒜晚播5～7天，秋播一般在9月中下旬，按行距20～25厘米开播种沟，株距10厘米左右，每亩种植密度2.5万～3万株，播后覆土2～3厘米。为防草害，覆土后每亩可用50%扑草净100克稀释液进行地表喷施，喷药后尽可能不破坏表土层。喷药后覆膜，要使地膜紧贴畦面并压紧地膜，出苗后及时人工破膜露苗封口。也可先喷除草剂，再覆膜，然后按行距20～25厘米、株距4～5厘米打深孔播种，播后用细土封死播种孔。

（6）田间管理　大蒜盖膜之后，随即浇一次水。方法是把水浇到沟里，进行洇灌，水量一定要大，要洇透畦面。若一次浇水洇不透，要连洇二次，接近出苗时，再浇一水，以利幼芽出土，顶破薄膜，继续生长。若有顶不破薄膜的幼芽应注意人工辅助破膜。在幼苗生长期间，灌一次长苗水，"小雪"之后根据天气情况再浇一次越冬水。

翌年大蒜返青后，随着气温回升，开始活动生长，在烂母期前后，浇一次水。从大蒜的出苗至幼苗生长，越冬期至返青后的幼苗期阶段，要注意防止蒜苗在膜下生长，要经常检查地膜破膜处和风刮波动处，要及时整修，用土严封压膜，如果蒜株周围破膜，也要用土封严，以充分发挥地膜效益。

覆盖地膜的大蒜在翌年春分前后至3月底进入薹瓣分化期，应根据天气情况及时进行浇水，特别在蒜薹生长中期，露尾、露苞期等生育阶段，必须适期浇水，保持田间湿润状态，以利大蒜生长。

返青后，可根据具体情况进行叶面喷肥，一般可用磷酸二氢钾，硼、锌、锰、钼、铁、铜、稀土等微量元素肥料，可混用也可交替单用，均可收到良好的效果。

在薹瓣分化期间，要保护地膜，发挥其保温作用，在露苞前后揭去地膜，拔除杂草。可根据蒜苗长势，增施速效化肥，保证养分足够供应。提薹前 5 天左右，停止浇水。近提薹时轻松土 1 次，散发土壤水分以利提薹。

在大蒜提薹后，进入蒜头膨大盛期。提薹后随即浇 1 次水，同时酌情追施一些速效化肥，过 5～6 天后相继浇水 1～3 次，保持土壤湿润，以利蒜头膨大生长。

覆膜大蒜的蒜薹及蒜头均比露地提早收 7 天左右，蒜头收获过晚会发生散瓣、腐烂现象。

2. 以收获蒜薹为主的栽培技术要点

（1）选择蒜薹生长势强的品种　如来安薹蒜。来安薹蒜是安徽省来安县地方优良品种，属弱冬性中熟类型，全生育期 240 天左右，需日平均气温 20 ℃的积温 2 500～2 800 ℃，从蒜瓣萌动到幼苗期如遇 0～4 ℃低温，经过 30～40 天即可完成春化阶段；株高 100 厘米左右，假茎高约 40 厘米；叶 9～11 片，叶长 30～40 厘米，叶宽 1～2 厘米，肉厚有蜡粉；根长 18 厘米，单株弦线状须根 120 条左右，蒜头白皮白肉，平均每头 10～12 瓣，重 23 克左右；蒜薹长 30～40 厘米，单根重约 35 克，色泽绿白，每根蒜薹绿色部分约占四分之三，其余为白色部分。来安薹蒜不仅蒜薹产量高（一般亩产 500 千克左右），而且辛辣适度，营养丰富，特别耐贮藏。用冷藏法贮存，可在春节前后供应市场。来安薹蒜是以蒜薹为主要产品的优良栽培种。

（2）采用适宜的栽培措施　来安薹蒜对土壤适应性较强，除盐碱沙荒地外都能生长，但以富含有机质的中性壤土为宜。播种前施足底肥，及时耕翻，精细整地。选用无病、无伤、洁白蒜瓣作种用，每亩需种瓣 250 千克左右。适宜秋播期在日均温度 20～22 ℃为宜，一般在秋分后播种。行距 27～33 厘米，株距 6～7 厘米，亩种植密度 3万～3.5 万株，肥水管理同一般大蒜，由于蒜薹产量高，特别注意分化初期追施磷肥。主要病害有黑斑病、紫斑病，应注意防治。发现病害可用 70%敌克松 500～800 倍液喷雾防治。老蒜区可在整地前用福美双、代森锌等农药进行土壤消毒防治菌核病、白腐病等病害。5 月上旬采收蒜薹，采薹时尽量不要损伤叶片或使叶鞘倒伏，加强田间管理，尽可能增加蒜头产量。6 月上旬收获蒜头。

3. 以青蒜苗为主要产品的栽培技术要点

（1）低温处理早蒜苗栽培 大蒜种瓣人为保湿低温处理后，可生根发芽，幼苗同时通过春化阶段生产青蒜苗，播种3～7天后，就能出苗，而且生长快，纵向生长优势强，比常规栽培的高3.3～6.6厘米，蒜苗产量比常规提高30%以上，并于10月初蒜苗即可上市，比常规提前1个月上市，收获后10月下旬还可复种一季冬菜，从而提高了土地利用率，增加经济收入。其低温处理和配套栽培技术如下：

7月下旬，将蒜种装入塑编袋内，每袋20千克左右，不宜装得太满，否则袋内外温、湿度不均，会出现袋心生根，袋外缘无根现象，影响出苗。在入冷库处理的当日早晨将蒜种浸入凉水3～5分钟，捞出沥干水，随即放入冷库，注意不能堆压。冷库温度保持3～5℃，处理过程中要经常查库，以防止因库温过高或过低引起霉变或冻伤；若种蒜干燥要淋水保湿，并将袋子上下翻动几次，以利温湿均匀，促进生根发芽。低温处理15～20天即可播种。播种时选发芽、生长快，叶片长而直立，纵向生长优势强，苞衣为紫红色或淡紫红色的早熟品种，并选择长形、芽顶尖而突出的蒜瓣为蒜种。

播种前施足底肥，以腐熟有机肥为主，适量配施化肥，可顺行沟亩施5千克尿素作种肥翻入土中，整平后待播。8月上中旬播种，播种时土壤墒情要潮湿，以免损伤幼根。一般行距10～12厘米，株距2～4厘米，每亩种植20.2万株左右，每亩需种量400～450千克，可顺行开沟播种，播后浇1次大水，随后喷施60%丁草胺乳油150克/亩，兑水75千克喷雾，然后覆盖1.6～1.8厘米厚的稻草或麦秸，有利保墒降温和扎根出苗，同时还有防草作用。在长至3～4叶时可施低浓度粪肥，待5～6叶时进行第二次追肥，每亩施尿素7.5～10千克以利根系吸收，以后若出现苗色发黄现象再补施氮肥。苗色浓绿，叶尖发黄，则说明生理缺水或施肥过量，要及时连浇大水，否则会绿而不长，造成僵苗。

（2）春季育苗，麦收后移栽种蒜苗 3月下旬选择土壤肥沃、灌浇方便的地块作苗床，用白蒜苗籽育苗，栽1亩蒜苗需用白蒜苗籽0.25～0.3千克，苗床面积0.15～0.2亩。苗床每亩施农家肥5 000

千克，氮肥 10 千克，磷肥 20 千克，三肥混合一次施入作底肥，耕翻整地，均匀撒籽，再用钉齿耙耙平耙细，地面均匀覆盖 7 厘米厚麦秸增温保墒。每隔 7 天左右用喷雾器于傍晚在苗床上喷水一次，以利发芽，确保全苗，齐苗后揭掉麦秸。

麦收后整地移栽，采用垄沟栽培方法，垄宽 60 厘米左右，高 20 厘米垄主要是准备壅蒜苗取土用。沟宽 40～50 厘米，在沟内亩施腐熟农家肥 4 000 千克，翻入沟底耙平。沟内栽 4 行蒜苗，行距 13 厘米，株距 10 厘米，亩栽苗 4 万多株。开沟移栽后及时灌水。10～15 天后进行第一次追肥壅土，亩用尿素 20 千克，磷肥 40 千克，肥料混合均匀后撒入沟内，壅土 7 厘米厚，如少雨干旱可及时灌水。半月后壅第二次土，当蒜苗进入旺盛生长阶段，每隔 7～10 天喷一次丰收素或其他叶面肥，促使叶片宽厚，增加产量。

进入 10 月上旬蒜苗可陆续收获上市，若市场价格较低，可延续至越冬前收获，收获后整理扎捆，每捆 10 千克左右，放在阴凉处，每捆间隔 5～10 厘米堆放，防止受热腐烂。待下霜降雪时上盖一层玉米秆防止风干冻烂。根据市场价格适时销售。

(3) 保护地栽培青蒜苗 保护地栽培青蒜苗主要是在冬季以整头或剥瓣密植于温室、温床、阳畦或拱棚等保护地环境下，借蒜瓣自身营养，给予适当的温湿度生产蒜苗的一种方法。冬季新鲜蔬菜种类较少，利用保护地在冬、春两季生产青蒜苗于淡季上市，效益可观。由于保护地栽培的青蒜生育期短，栽培管理比较简便，并可利用温室隙地随时栽培，提高温室利用率。一般自入冬后即可栽培，每 20～30 天可生产一茬。

青蒜的生长主要靠蒜瓣贮存的养分。因此，要选用蒜头大、蒜瓣多、不抽薹、耐寒力强、生长迅速、发育充实、品质好、无伤害的白皮蒜品种为宜。播前将蒜头用清水泡 1 昼夜，然后设法将须根及蒜种中间残留的蒜薹挖出，剥去外面的蒜皮，直至露出蒜瓣，但应保持整个蒜头不散，这样便于栽植和发芽扎根。青蒜栽培以疏松的土壤为宜，栽前要将地深翻 15～20 厘米。第一茬青蒜收割后，将蒜根挖出，再适当增加新土，重复前次方法进行整地、栽植。

采用密植措施是提高产量的重要措施。栽蒜时一定要把蒜头排紧，凡有空隙处可用蒜瓣填充，一般每平方米可栽蒜瓣 15 千克。栽植后主要是保温保湿，温度可控制在 15～30 ℃，超过 30 ℃生长不充实、产量低、质量差，低于 15 ℃生长缓慢，也影响产量。栽植后 3～5 天新根长出时，浇 1 次透水。待苗稍微呈现干燥后，用木板依次将苗床压 1 次，使新根与土壤充分接触；在苗刚出土时，再覆上 1 厘米的细沙土。整个生育期应经常适量浇水，用手握床土，松手即散时，即应浇水，一般第一茬浇水 3～4 次，第二茬和第三茬只在苗高 5 厘米左右时浇 1 次水即可，浇水过多易引起根系腐烂。浇水的水温以 20～30 ℃为宜。蒜苗高超过 25 厘米时即可收割，收获时注意不要割得过深，以免伤蒜芽。一般每茬可收割 2～3 次，每 1 千克蒜头可收割 1.3～1.5 千克，如管理得好，产量还会更高。

（4）**晚蒜苗栽培**　晚蒜苗于 9 月上旬后播种，选用早熟紫皮蒜作种，播种方法、播后管理与蒜头栽培基本相同。不同点是：播种要深，密度要大。一般行距 13 厘米左右，株距 2～4 厘米，每亩密度 17 万株左右。越冬前浇好封冻水，有条件的地方可施些土粪或牲畜圈粪覆盖。翌春早浇返青水，早追返青肥，亩施尿素 5～10 千克。土壤解冻后，及时中耕松土、保墒、提温，促使蒜苗迅速生长。3 月下旬以后可根据市场行情陆续采收上市。

4. **海蒜栽培技术要点**　海蒜是一种以长蒜薹和蒜苗为主的新型蔬菜。它四季常青，适应性和再生力都很强，可在耕地中栽培，亦可在房前、屋后、畦埂等空闲的地方零星栽培，只要能排涝的地方都可种植。海蒜用种子繁殖，与韭菜一样，一茬一茬收割，种一次可连续收割 3 年。

育苗床应选在背风向阳、地下水位低的沙质地块。施足腐熟有机肥，并深翻细耙。播前将种子晒 10～12 天，用 20～25 ℃的温水浸泡 2～4 天，捞出沥干加入 5 倍的细沙土拌匀后播入苗床，盖 1 厘米厚的细土，然后用喷雾器喷湿苗床。高温干旱期育苗务必用草苫覆盖苗床，并于每天傍晚泼湿草苫，直至幼苗大部分出土后，揭去草苫，搭小棚，防日晒雨淋。冬季育苗苗床温度需保持在 15 ℃以上，并要做好防冻工作。当幼苗长至 17 厘米左右高，有 0.2～0.5 厘米宽的叶片时即可移栽大田。间隔距离 13 厘米×20 厘米，栽后用清粪水加尿素浇足定根水。

一般移栽 1 个月即可收割。收割时留 6 厘米左右高的茬，收后及时松土除草。并浇施兑有尿素的清粪水，以利于二次再收割，以后只要温度在 20 ℃以上，每星期可收割 1 次。当年移栽第二年抽薹，年抽薹 2 次，3 月下旬 4 月初抽第一次薹，当薹顶快长小苞时即可抽出食用。留种蒜薹应粗壮、无病斑和虫孔。3 月出薹，8 月种子才能成熟，收种者少收一次薹。当种子变黑时就可剪下，晒干脱粒装入布袋中保存。收种后要及时去掉薹秆。松土浇施兑有尿素的粪水并在 2 天内撒放草木灰，约经过 20～30 天即可在原植株生长出健壮的新植株。

海蒜一般无病虫害，但应注意清除田间杂草，并于每次雨后撒一次草木灰。

（七）大蒜品种提纯复壮技术

大蒜栽培一般是用蒜瓣来繁殖的，由于长期进行繁殖，会使生活力减退，加上不良栽培条件和培育方法的影响，大蒜的种性将会逐渐退化，主要表现在：植株矮小，假茎细，叶色变淡，蒜头变小，小蒜瓣和楔子蒜增多，产量逐渐降低。另外，大蒜一旦感染病毒病将会长期带毒发病，也会导致品种退化，质量和产量下降。大蒜种性退化和病毒病危害现象是目前生产上存在的主要问题，生产上必须加强蒜种的培育工作，不断地提纯复壮，提高种性，并进行脱毒原种的选择繁殖，使生产用种保持良好的种性，打好高产栽培的基础。为了防止蒜种退化，不断提高种性，应采取以下措施。

1. **建立种子繁殖田**　种子田在种植密度、管理方法等方面与大田栽培有所不同，特别要注意以下几点：

（1）**种植密度要稀**　种子田种植密度要比生产田稀，一般行距 20～25 厘米，株距 12～16 厘米，亩种植 2 万株左右，以改善营养条件。

（2）**抽薹要早**　蒜薹露出叶鞘 7～10 厘米就要及时抽薹，抽薹时要注意保护茎和叶片直立，并加强肥水和田间管理，以利蒜头肥大。

（3）**加强田间选种工作**　宜选择符合品种特征、生长健壮、抽薹早、无病虫的单株，在田间作出标记。采收后，再从中挑选蒜头大、底部平、蒜瓣数中、瓣大而整齐且没有夹瓣的留作蒜种。

2. 气生鳞茎繁殖 气生鳞茎属无性器官，但它着生于生殖器官之上，用其繁殖，可达复壮目的。用蒜珠播种，当年形成独头蒜，也有少数分瓣蒜，翌年用独头蒜作种即可形成大的蒜头。

3. 用种子繁殖 大蒜在正常情况下不开花结实，只能形成气生鳞茎。但人为采取措施可迫使其结实。方法是在大蒜刚抽薹时，将假茎基部纵剖，取出黄豆粒大小鳞芽，使植株继续生长，待开花时再除去总苞中的气生鳞茎，使养分集中供给开花结实，种子播种后当年形成小的独头蒜，次年即可形成大的蒜头。

4. 换种 选择地区和栽培条件差异大的地方进行换种。在 2～3 年内可以恢复生活力，有一定复壮增产效益，但不能持久。

（八）大蒜病虫害防治技术

1. 大蒜病害

（1）大蒜叶枯病 大蒜叶枯病又叫黑斑病，发生普遍，是大蒜的主要病害，还可以侵染大葱、葱头等作物。

症状：主要危害大蒜叶片，也可危害花梗。叶片染病多始于叶尖或叶的其他部位，初在叶片正面产生白色小圆点，后扩大变为灰褐色椭圆形或不规则形大斑，边缘不明显，严重时叶片枯死，病部易折断。病斑上生灰黑色霉层，后期散生许多小黑点。

病原：病原为子囊菌亚门格孢腔菌属真菌的枯叶格孢腔菌。子囊壳群生或散生，球形或扁球形，具孔口，内生长椭圆形或棍棒形子囊，子囊无色，子囊孢子卵圆形或椭圆形，黄褐色，具纵横隔膜。无性阶段为半知菌亚门匍柄霉菌属真菌匍柄霉菌，其形态特征见大葱黑斑病。

发病规律：以菌丝体或子囊壳随病残体在土壤中越冬，翌年散出子囊孢子靠风雨传播，引起发病。分生孢子进行再侵染，春秋季节多雨潮湿，光照不足，植株长势弱有利于发病。

防治方法：①农业防治。施足有机底肥，增施磷钾肥，合理密植，清除田间病残体，重病田实行与非葱类作物 2～3 年轮作。②药剂防治。发病初期喷 75％百菌清 600 倍液，或 64％噁霉·锰锌可湿性粉剂 500 倍液，隔 7～10 天 1 次，连喷 3～4 次。

（2）大蒜锈病

症状：此病主要发生在叶部，也有侵染假茎的。病斑初期梭形褪绿斑，渐在中央表皮下出现圆形至椭圆形略凸的夏孢子堆，病斑周围具黄色晕圈，后期表皮破裂散出橙黄色粉末即夏孢子。病斑多时互相连片导致全叶枯黄，蒜株提前 5～12 天枯死。蒜生长后期，表皮未破裂的夏孢子堆上产生出黑色冬孢子堆，病株蒜头开瓣多（视频 15）。

视频 15
大蒜锈病

病原：病原属担子菌亚门柄锈菌属真菌的葱柄锈菌。在蒜上主要形成夏孢子堆，夏孢子广椭圆形，黄色，具芽孔 8～10 个。冬孢子堆孢子长圆至卵圆形，有双孢和单孢两种。夏孢子 6～27 ℃均能萌发，湿度大，温度 9～19 ℃可侵入寄主。在有水条件下，田间适宜侵染温度 10～23 ℃。

发病规律：此菌还可以侵染大葱等葱类作物。以夏孢子在留种大葱、越冬沟葱及大蒜上越冬，年前侵入大蒜的病菌，可以以菌丝或夏孢子堆在病组织内越冬，暖冬年份也可生长。春季和初夏温暖多湿，可在寄主上多次反复侵染，此时正值蒜头形成膨大期，危害严重。大蒜收获后侵染大葱，天气炎热时，以菌丝体在病组织内越夏，秋季湿度大时，可在葱上大流行。

防治方法：①减少葱蒜混作、邻作、连作，以控制病菌越冬、越夏，破坏其侵染循环。②选用抗病良种，如紫皮蒜、苍山蒜等。③及时控制发病中心，发病初期，用 25％粉锈宁 1 000 倍液，或 15％三唑酮可湿性粉剂 1 500 倍液，或 25％丙环唑乳油 3 000 倍液喷雾。每 10～15 天 1 次，连喷 2～3 次。

（3）大蒜煤斑病　大蒜煤斑病又叫大蒜叶斑病。主要危害叶片，初生苍白色小点，逐渐扩大后形成以长轴平行于叶脉的椭圆形或梭形病斑，中央枯黄色，边缘红褐色，外围黄色，并迅速向叶片两端扩展，尤以向叶尖方向扩展速度最快，致使叶尖扭曲枯死。病斑中央深橄榄色，湿度大时呈绒毛状，干燥时呈粉状病原物。

病原：病原属半知菌亚门枝孢属真菌的葱芽枝孢。分生孢子梗暗色，从叶片病斑两面伸出，单生或2～3根丛生，不分枝，基部略粗，暗褐色。产孢细胞作合轴式延伸，单孢芽生，具有1～3个孢痕，少数有5个孢痕。分生孢子暗色，圆筒形，两端钝圆，中间稍收缩，具1～3个横隔，单生或双孢连生，表面粗糙，多细疣状突起。

发病规律：病菌以病残体上的休眠菌丝及分生孢子在干燥的地方越冬或越夏，播种时随肥料进入田间成初侵染源，也可在冷凉地大蒜上越夏，随风传播，孢子萌发从寄主气孔侵入，在维管束周围定殖扩展。分生孢子萌发温度0～30℃，适温10～20℃。空气相对湿度100％和有自由水存在时萌发最好，相对湿度低于90％则不萌发。菌丝大于30℃则不再生长。苗期至鳞茎膨大期均可发病，植株生长不良或阴雨潮湿多露天气及生长后期发病重。

防治方法：①适时播种，合理密植，施足底肥，及时追肥。施用氮、磷、钾全效性有机肥，或增施钾肥及腐殖质肥，加强田间管理，提高大蒜抗病力。②化学防治。选用65％代森锌可湿性粉剂400～600倍液，或50％扑海因1 000倍液，或70％大生600倍液，于发病初期开始喷雾，隔7～10天1次，连治2～3次。

（4）大蒜灰叶斑病

症状：主要危害叶片，病斑长椭圆形，后变灰白色，叶片病斑双面生灰黑色霉状物，严重时，病斑联合，引起叶片局部枯死。

病原：病原菌属半知菌亚门尾孢属真菌的蒜尾孢菌。叶两面生霉层，无子座。分生孢子梗2～12根束生，淡褐色或褐色，梗端较狭，不分枝，色淡，具隔膜，孢痕较大且明显。分生孢子鞭形，无色透明，直立或微弯，顶端较尖，隔膜较多，但不明显。

发病规律：以菌丝体块在寄主病残组织上越冬，翌年产生分生孢子传播蔓延，进行初侵染和再侵染。中后期多雨多雾，日暖夜凉的天气发病重。密度过大，田间湿度大，植株长势弱的田块发病重。

防治方法：①清除田间残体，加强栽培管理，采用配方施肥技术，增强大蒜植株抗逆能力，雨后及时排水，防止前期大水漫灌。②发病初期使用77％氢氧化铜可湿性粉剂500倍液，或50％琥胶肥酸铜可湿性粉剂500倍液，或75％百菌清可湿性粉剂600倍液喷雾，隔 7 天 1 次，连喷 2～3 次。

（5）大蒜紫斑病

症状：在大田生长期危害叶和薹，贮藏期危害蒜头。主要以生长中后期发病为主。田间发病多自叶尖或花梗中部开始，随后逐渐蔓延至下部，初呈稍凹陷白色小斑点，中央微紫色，扩大后呈黄褐色纺锤形或椭圆形病斑，湿度大时病部产生黑色霉层，多具同心轮纹，叶、茎易从病部折断，贮藏期则蒜头顶部变为深黄色或红褐色软腐状。

病原：属半知菌亚门链格孢属真菌的葱链格孢。形态特征见大葱紫斑病。

发病规律：暖冬季节病菌辗转在葱蒜作物上传播、危害、越冬，或以菌丝体附着在病残组织或寄主贮藏器官上越冬，翌年产生分生孢子，借气流或雨水传播，从气孔或伤口侵入，也可直接由皮层侵入。分生孢子只在高湿条件下形成，孢子萌发需具露珠或雨水。发病适温 25～27 ℃，低于 12 ℃则不发病，一般温暖多湿多雨季节发病较重。

防治方法：同大葱紫斑病。

（6）大蒜灰霉病

症状：以危害叶片为主，常发生于保护地中，初发生时，蒜苗叶两面分布有褪绿小白点，以后白点变成梭形或椭圆形病斑，顺叶脉方向较长。病势蔓延从叶尖向下，可造成多数叶片一半枯黄，潮湿条件下密生较厚绒霉层，或叶片水渍状腐烂变褐。

病原：半知菌亚门葡菌孢属真菌的葱鳞葡萄孢。分生孢子梗几根丛生或散生，单生直立，有的弯曲，一般孢梗下部为褐色，上部为浅橄榄色，1～10 个隔膜，基部表面具疣点状物，孢梗分枝处常见无色瘤状突起物，似分枝初始。分生孢子成熟即脱落，梗顶为环折状皱缩纹，分生孢子无色透明，卵圆、椭圆或长圆形，成熟孢子与未成熟孢子之间大小差异较大。

发病规律：靠病原菌的无性繁殖体——灰霉传播蔓延，低温高湿有利其流行。

防治方法：同大葱灰霉病。

（7）大蒜疫病

症状：主要危害叶片，染病初期，在叶片中部或叶面上生苍白色到浅黄色水渍状斑，边缘浅绿色，条件适宜、病斑扩展很快，使半个或整个叶片垂萎，湿度大时病斑腐烂，其上产生稀疏灰白色霉层，即病原菌的孢囊梗和孢子囊，花茎染病后期也呈水渍状腐烂，严重时致全株枯死。

病原：由鞭毛菌亚门疫霉属真菌的葱疫霉菌侵染所致，病原形态同大葱疫霉病。

发病规律：病菌以菌丝体和厚垣孢子在病株地下部分或在土壤中越冬，翌春条件适宜时产生孢子囊和游动孢子，借风雨或灌水传播蔓延进行初侵染和再侵染。该病一旦发生，在温湿条件适宜时蔓延很快，短时间内即造成严重损失。病菌喜高温高湿，发病适温25～32℃，相对湿度95％以上并有水滴存在易发病，露地条件下多发生在雨季，而大棚、温室生产时，放风不及时或浇水过量，管理跟不上时会发生，往往造成严重损失。

防治方法：①选用瓣大、高抗性品种，如苍山大蒜、来安大蒜、苏联蒜等品种。②注意轮作并清除病残体，采用小垄高畦栽培，注意排涝降湿等管理措施。③发病初期喷洒68％精甲霜·锰锌水分散粒剂300倍液，或64％噁霉·锰锌可湿性粉剂400～500倍液，或69％烯酰·锰锌可湿性粉剂1 000倍液，或72％克露可湿性粉剂800～1 000倍液，或72.2％普力克水剂600倍液，上述药剂应轮换使用，隔7天1次，连喷2～3次。

(8) 大蒜叶疫病

症状：主要危害叶片、叶鞘，形成尖枯和叶斑两个类型。尖枯型发生在侵染初期，叶尖呈深褐色，并在上边形成多条深紫色斜状平行的斑纹，严重时，病斑扩展到全叶的1/3～4/5或全叶干枯死亡。叶斑型发病初期在叶片上出现短条状小型侵蚀斑，略凹陷。之后病斑迅速扩大成为梭形至长椭圆形，组织坏死，凹陷，多为褐紫色，中央色较深，也有呈乳白色的。大流行时，一般15～20天全田枯死。

病原：由半知菌亚门葡柄霉属真菌的黄花菜葡柄霉菌侵染所致。分生孢子梗一至数根，呈簇状，由表皮伸出，孢子梗短，褐色，两极膨大，顶部略浅，具隔膜1～3个，极少有一次分枝。分生孢子长矩形至长卵形，单生，浅黄色至深褐色，砖壁状，具 3～5 个横隔，其中 3 个主横隔的占全孢量的一半以上，主横隔膜缢缩明显，表生小疣。

发病规律：病菌以分生孢子和菌丝体在病残体上越冬。翌年分生孢子萌发，无论大蒜有无伤口，只要气候条件适宜，病菌均可侵染。一般 5 月下旬始发，6 月进入发病高峰，影响其流行的主要因素是大蒜孕薹期和抽薹期的雨量、雨日及降雨次数。

防治方法：①大蒜收获后及时清洁田园，实行轮作、秋灌、深翻，消灭带菌的残留物。②发病初期喷洒 50％速克灵或扑海因可湿性粉剂 800 倍液，50％苯菌灵可湿性粉剂 1 000 倍或 60％防霉宝超微可湿性粉剂 800 倍液，也可选用 65％甲霉灵可湿性粉剂或 50％多霉灵可湿性粉剂 1 000 倍液，每 10 天左右喷 1 次，连防 3～4 次，注意轮换用药。

(9) 大蒜白腐病

症状：主要危害叶片、叶鞘和鳞茎。初染病时外叶叶尖呈条状或叶尖向下变黄，后扩展到叶鞘及内叶，植株生长变弱，直至整株黄矮枯死，拔起鳞茎表皮产生水渍状病斑，并长出大量白色菌丝，病部呈白色腐烂，菌丝层中生出大小 0.5～1.0 毫米的黑色小菌核，基部变软，鳞茎腐烂。往往田间有中心发病株引起成片枯死。

病原：由半知菌亚门小菌核属的白腐小菌核菌侵染引起，在寄主上生有大量白色菌丝，菌核生在病组织内部或表面，球形或扁球形，内部浅红白色，外部黑色。

发病规律：病菌寄主地下或地面处的小菌核借雨水或灌水传播，直接从根部或近地面处侵入，引起发病，病部产生菌丝再形成小菌核。该菌喜低温高湿，在高温季节湿度不大条件下扩展缓慢，当气温低于 20 ℃、湿度大且持续时间长时易流行。

防治方法：①注意轮作换茬，增强植株抗病能力，发现病株及时挖除，并清理病残及菌核。②播种前用蒜种量 0.5％～1％的 50％甲基硫菌灵或多菌灵可湿性粉剂给蒜种包粉衣后播种。③药剂防治。于发病初期可用 50％多菌灵可湿性粉剂 400 倍，或 50％甲基硫菌灵可湿性粉剂 500 倍液，50％扑海因或 50％速克灵可湿性粉剂 1 000 倍灌淋根茎，10天左右喷洒1次，防治2～3次。

（10）大蒜菌核病

症状：大蒜受害后先从外部叶片发病逐渐向内侵害。发病初期鳞茎以上外部叶片发黄，根系不发达，植株生长缓慢，后期整株逐渐枯黄，鳞茎腐烂枯死。湿度较大时，病部表皮下散生褐色或黑色小菌核。病株后期，蒜头易散瓣，并在瓣间形成菌核。

病原：由子囊菌亚门核盘菌属真菌的大蒜核盘菌侵染所致，病原形态见大葱小菌核病。

发病规律：病菌主要以菌核随病残体遗落土壤中越冬。病害传播途径较广，带菌的蒜种、雨水、土壤、灌溉、病残体和土杂肥等均可传播引起发病。翌年一般从3月上旬开始发病，3月下旬至4月上旬为发病盛期。此期间降水频繁，光照不足或大雨积水，易发病流行。氮肥施用过量，植株抗性减弱易发病。

防治方法：①选用瓣大无病蒜种，不用病残体沤制土杂肥，采用配方施肥，避免施入过多氮肥，遇大雨时及时排水防涝，灌水要适量，切忌大水漫灌。②化学防治。每亩用50%速克灵可湿性粉剂50克拌蒜种200～250千克，晾干后即可播种，在发病初期选用50%速克灵1 500倍液灌注。

（11）大蒜细菌性软腐病

症状：大蒜染病后，先从叶脉或中脉发病形成沿叶缘或中脉的黄白色条斑，可贯穿整个叶片，湿度大时，病部呈黄褐色软腐。一般自底层叶先发病，后逐渐向上部叶片扩展，致全株枯黄、软腐、死亡。

病原：属细菌，为胡萝卜软腐欧氏杆菌胡萝卜软腐致病型，形态特征见大葱细菌性软腐病。

发病规律：主要以遗落在土壤中尚未腐烂的病残体上存活越冬或大蒜种子带菌越冬，进入雨季引起大蒜软腐，尤以早播排水不良、灌水过度、氮肥过量或生长过旺的田块发病重。

防治方法：在播种时每亩喷施77%硫酸铜钙可湿性粉剂600倍液100千克，喷入播种沟内防治；发病初期喷用77%多宁600倍液，或3%中生菌素800倍液，或72%农用链霉素可溶性粉剂3 000倍液，或50%琥胶肥酸铜可湿性粉剂400倍液，隔7～10天喷洒1次，视病情连用2～3次。

（12）大蒜花叶病毒病

症状：初沿叶脉出现断续黄色条斑，后连接成黄绿相间长条纹，植株矮化，个别心叶呈卷曲状畸形，不能完全展开，致叶片扭曲。鳞茎变小，蒜瓣及须根减少甚至蒜瓣僵硬，大蒜产量、质量明显下降。

病原：由大蒜花叶病毒和大蒜潜隐病毒侵染所致。钝化温度60 ℃，体外存活期2～3天。

发病规律：播种带毒鳞茎，出苗后即染病，田间通过蚜虫、蓟马等进行非持久性传毒，或以汁液摩擦传毒。管理条件差、干旱、蚜虫发生量大及连作、邻作地发病重。播种材料带毒是病害远距离传播的主要方式。

防治方法：①严格选种或选用脱毒大蒜种子。②避免与大葱等葱类作物邻作或连作。③加强对蚜虫、蓟马等害虫的防治，控制病毒重复感染。④提高大蒜管理水平，增施有机肥和磷钾肥，避免早衰，提高植株抗逆能力。⑤发病初期喷洒1.5%植病灵乳剂1 000倍，或20%吗胍·乙酸铜可湿性粉剂500倍液，或0.5%菇类多糖水剂250～300倍液，或10%菌毒清300倍液进行防治，7～10天喷洒1次，防治2～3次。喷药时加施各种微量肥料和磷酸二氢钾也有助于防病抗病。

（13）大蒜褪绿条斑病毒病

症状：2～8叶期染病，病株上出现明显的黄色褪绿条斑，成株染病后，则不同程度矮化、瘦弱、纤细，叶片无光泽，蜡质消失，呈卷曲状，甚至上下叶片捻在一起卷成筒状，心叶不能抽出。病株一般不能抽薹，薹上具明显的褪绿块斑，病株根短且少，黄褐色。病蒜产量及质量极度下降，种性退化（视频16）。

视频16
大蒜褪绿条斑
病毒病

病原：由大蒜褪绿条斑病毒侵染所致，病毒粒体弯曲线状，致死温度70～75 ℃，体外存活期7～8天。

发病规律：主要以播种材料带毒，靠汁液摩擦和桃蚜传毒，紫皮蒜较白皮蒜发病重。15～30 ℃利于发病显症，温度过高或过低似有隐症现象。蚜虫量大及与其他葱属植物连作或邻作发病重。植株带毒能长期随其营养体蒜瓣传至下代，以至田间已无不受病毒感染植株，且不断扩大病毒繁殖系数，致大蒜退化鳞茎变小。

防治方法：①严格选种，建立原种基地，采用轻病区大蒜鳞茎作种，减少种子带毒率。②推广营养茎尖、生殖茎尖分生组织离体培养的脱毒大蒜种瓣。③避免与葱类植物邻作或连作，及时喷洒防治周围作物蚜虫，防止病毒重复感染，减少田间自然传播。④加强大蒜水肥管理，避免早衰提高植株抗逆能力。⑤发病初期喷洒20%叶枯唑可湿性粉剂 1 000 倍液，或用 1.8%辛菌胺醋酸盐水剂 1 000 倍液，或用 31%氮苷·吗啉胍可溶性粉剂 800～1 000 倍液，或 5%菌毒清水剂 300 倍液，或 0.5%抗毒剂 1 号 250 倍液、20%病毒宁可湿性粉剂 500 倍液，均匀喷施。隔 10 天左右 1 次，连治 2～3 次。

（14）大蒜干腐病

症状：大蒜干腐病属土传病害，植株感染后叶尖发黄干枯或叶面出现浅黄色条斑，也能扩展到鳞茎上，呈水渍状暗褐色，有的长出白色或粉红色霉层，拔出病株，根部呈褐色腐烂，病株抽薹慢，影响蒜薹上市，贮藏期染病，从根部至蒜瓣发黄，软化后干缩。

病原：由半知菌亚门镰刀菌属真菌的葱头尖镰孢葱头专化型真菌侵染引起。子座褐色或紫色，在 PDA 培养基上，生长棉絮状气生菌丝，产生桃红色或紫红色色素。分生孢子有大小两型，大型分生孢子在病组织上易形成镰刀形或纺锤形，多具隔膜 3 个，也有 5 个的。小型分生孢子生在气生菌丝中，单胞无色，卵形或长椭圆形，数量多。菌丝顶端或中间时有形成球状的厚垣孢子串生，病菌生长温度 4～35 ℃，发育适温 25～28 ℃。

发病规律：病菌以厚垣孢子留在土壤中越冬。翌春条件适宜产生分生孢子，借风雨、灌溉水、地蛆、线虫等传播，从伤口侵入，在病斑上产生分生孢子进行再侵染。施肥不当或偏施氮肥、土壤过湿、高温、多雨，病虫害严重，生长势弱的大蒜田易发病。

防治方法：①与非葱类作物实行 3～4 年轮作，选用无病种蒜，增施充分腐熟的堆肥或有机肥，采用配方施肥技术，防止烧根、沤根、起蛆。②发现种蝇，及时喷洒50％辛硫磷乳油1000倍液或5％高效氯氰菊酯乳油1000倍液，最好把蝇杀灭在产卵以前，若有根蛆发生，及时用10％噻虫胺＋10％虫螨腈悬浮剂1000倍液或50％辛硫磷乳油1500倍液灌根防治。③蒜种宜贮存在0～5℃条件下，相对湿度应在65％以下。

(15) 大蒜黑头病

症状：主要危害大蒜鳞茎，贮藏期大蒜鳞茎上经常可见，剥开蒜瓣，开始初生具紫红色边缘的小凹陷斑，后病斑扩大，凹陷更加明显，病斑上长出黑色丛霉状物即病原菌的分生孢子梗和分生孢子。

病原：由半知菌亚门丝孢纲艾氏霉属的真菌大蒜艾氏链格孢菌侵染所致。菌体呈典型的丛霉状，菌丝体内能产生厚垣孢子，分生孢子梗从菌丝或厚垣孢子生出，不分枝或分枝极少，具隔膜，直立或产孢处膝盖状弯曲，分生孢子梗粗短，孢痕明显，分生孢子短，长椭圆形或近圆柱形，平直或弯曲呈S形、C形、Y形，具横隔2～7个，偶见纵隔或斜隔1～3个，黄褐色，隔膜黑色，孢壁光滑，分隔处缢缩，隔膜比孢壁厚且色深。

发病规律：病菌以菌丝体或分生孢子在大蒜鳞茎上越冬，条件适宜时侵入蒜瓣引起发病，通过人为及机械混杂进行传播。

防治方法：发病重的地区，收获前喷75％百菌清可湿性粉剂600倍液预防。同时，加强贮藏期管理，贮存温度控制在5～9℃，相对湿度在60％以下。

(16) 大蒜贮藏期灰霉病和青霉病　主要发生在蒜瓣上，生长期田间很少发生，以冬贮和运输的蒜头发病最重。大蒜发生灰霉病时，在蒜瓣表面布满灰白色菌丝，菌丝上产生绿豆大小的灰褐色菌核。大蒜青霉病则在蒜瓣上产生黄褐色病斑，其表面布有青色粉状物（视频17）。灰霉病可以从伤口侵染或直接侵染，而青霉病则只能在有伤口情况下才能致病。在防治上，首先保护蒜头完好无伤，并进行适当晾晒，降

视频17
大蒜青霉病

低堆间湿度，减少侵染机会；或收蒜后用50％速克灵可湿性粉剂1000倍液浸蒜头后晾干贮藏，可有效地控制这两种病害。

（17）大蒜贮藏期红腐病

症状：一般被害鳞茎1个或几个蒜瓣上产生褐变，呈不规则凹陷，生有淡红色霉状物，即病原的菌丝和分生孢子，后期则病斑四周变褐软化。

病原：由半知菌亚门镰刀菌属的腐皮镰孢菌真菌侵染引起。分生孢子座褥状，色泽鲜艳，生在孢子堆上，具大小两种孢子。大型分生孢子镰刀形，无色，多胞，具隔；小型分生孢子卵圆形，单胞，无色；后期则由菌丝聚集成黑色片状菌核。

发病规律：病菌以菌丝体和分生孢子在病残体上越冬。秋冬条件适宜时侵入鳞茎，形成红腐症状，病部产生分生孢子借空气及人为传播进行再侵染。

防治方法：①搞好大蒜鳞茎的采收、贮运，尽量避免遭受机械损伤，以减少伤口，不宜在雨后重露或露水未干时采收。②采收前1周喷洒70％甲基硫菌灵可湿性粉剂800倍液。③加强贮藏期管理。

（18）大蒜黄叶和干尖 属大蒜生理病害，一般在大蒜苗期发生黄叶，叶片黄化，成株期发生干尖。其原因：一是根部受地蛆及地下害虫危害；二是重茬现象；三是退母也是烂母所致。烂母是正常的，烂母表明原种蒜里养分已用光，花薹和蒜瓣已开始分化。

防治方法：①进行轮作，并施足基肥，增施腐熟有机肥。②防止退母黄尖，应在退母前即播后30～40天，开始追肥灌水，不仅对促进花薹和蒜瓣分化有一定作用，还可避免或减轻黄叶和干尖发生。③及时防治地蛆等地下害虫危害。④用大蒜王中王或大蒜叶枯宁或大蒜黄叶病毒灵防治。或根据大蒜表现症状：若红点紫斑紫锈红纹加高能钾胶囊，若白点白斑加高能铜胶囊，若黄点黄斑加高能锰胶囊，若心叶发皱发黄加高能锌胶囊，若根部发烂加高能硼胶囊，若蒜头黑斑黄斑加高能钙胶囊。

2. 大蒜虫害 危害大蒜的地下害虫包括蝼蛄、蛴螬、金针虫、葱蝇、种绳、韭蛆等，尤其以葱蝇、种蝇、韭蛆为重。叶部害虫以葱蓟马、蚜虫为重，其防治方法见大葱虫害部分。

3. 大蒜主要病虫害综合防治技术

（1）农业防治

① 选用优良品种和脱毒蒜种。选用瓣大、无虫无病斑的蒜瓣作

种用，并在播种前一天用 20％吗胍·硫酸铜水剂 1 000 倍液，或 80 亿单位地衣芽孢杆菌水剂 800 倍液喷匀为度，或 50％异菌脲可湿性粉剂 1 500 倍液、50％腐霉利可湿性粉剂 1 500 倍液浸种 5 小时，晾干待播。

② 增施有机肥。亩施 5 000 千克以上优质腐熟有机肥，并配施普通磷酸钙 50 千克、硫酸钾 15 千克、尿素 10 千克，精细整地，同时亩施 3％辛硫磷颗粒剂 2 千克或 2.5％虱螨灵可湿性粉剂 3～4 千克。

③ 科学追肥，适时灌水。大蒜"烂母期"每亩追施 5％原生汁冲施肥 1 千克加尿素 15 千克（冲施或撒施）并浇水。花茎抽出前 10～15 天，及时追肥浇水，以亩施硫酸铵 20～25 千克为宜，连追 2 次。鳞茎膨大期用 2.85％硝钠·萘乙酸水剂 800～1 000 倍液均匀喷施，并适当追肥 15～20 千克。

④ 适时喷施微肥。喷施高能锌、高能铁、高能锰、高能硼、高能铜或生物激素（用 0.004％芸薹素内脂水剂 800～1 000 倍液），喷匀为度，提高植株抗性。据试验，在大蒜 9 叶和 12 叶期各喷 1 次 2.85％萘乙硝钠水剂 800～1 000 倍液，可提高大蒜产量 25％；各喷 1 次叶面肥与 B 族维生素植物液可分别提高产量 22.6％和 19.6％，并可显著减轻病毒病的发生，提高植株抗逆能力。

（2）化学防治

① 虫害化学防治。主要以葱蝇、种蝇、韭蛆为主，另有叶部蓟马、蚜虫等。4 月中旬左右（幼虫危害期）亩用 5％菊酯杀虫剂 1 000 倍液或 5.5％阿维·菌毒二合一 1～2 套喷施或灌根，杀死蛀入基秆组织内幼虫；成虫孵化盛期每隔 10 天喷一次 4.5％高效氯氰菊酯乳油 1 000 倍液，喷洒植株叶面及地表。植株周围土隙中的地上蓟马，根据发生情况和发生量喷施 40％菊·马乳油 800 倍液或 37.5％氯·马乳油 1 000 倍液进行喷杀，每 5～7 天一次。

② 病害化学防治。主要以大蒜叶枯病、病毒病和锈病为主。洞察病害发生初期，采用复配用药，进行主治和兼治预防等措施，把病害控制在初发阶段。农药可选用 20％叶枯唑可湿性粉剂 1 000 倍液，80 亿单位地衣芽孢杆菌水剂 800 倍液，20％吗胍·硫酸铜水剂 1 000 倍液，或 50％异菌脲可湿性粉剂 800 倍液、50％腐霉利可湿性粉剂 1 000 倍液、75％百菌清可湿性粉剂 800 倍液等药剂，轮换复配应用。

四、葱头生产关键技术

葱头俗称洋葱，又叫圆葱，属于百合科葱属中以肉质鳞片和鳞芽构成鳞茎的二年生草本植物，原产亚洲西部高原地区，由于它耐寒、喜湿、适应性强，南北各地均有栽培。葱头产量较高，易栽培，以肥大的肉质鳞茎为产品，鳞茎中除含碳水化合物、蛋白质、维生素、矿质元素，还含有挥发性的硫化物，具有特殊的香味，可炒食、煮食或调味，小型品种可用于腌渍。葱头耐贮运，供应期长，对调节淡季蔬菜供应具有较重要的作用。它还是一种很好的调味蔬菜，随着人们生活水平的不断提高，市场需求量不断加大，中原地区一般年份生产量不能很好地满足市场需求，生产前景广阔。

（一）葱头的生物学特性

1. **根** 葱头的胚根入土后不久便萎缩，因而没有主根。其根为弦线状须根，着生于短缩茎盘的基部，根毛少，根系较弱，吸收能力和耐旱力较弱；主要根系密集分布在土壤表层，入土深度和横展直径30~40厘米。

2. **茎** 葱头营养生长时期，茎短缩成扁圆锥形的茎盘。茎盘下部称为盘踵，茎盘上部环生圆筒形的叶鞘和芽，下面着生须根。成熟鳞茎的盘踵组织干缩硬化，能阻止水分进入鳞茎。因此，盘踵可控制根的过早生长或鳞茎过早萌发。葱头生殖生长时期，生长锥分化，抽出花薹。花薹呈筒状、中空、中部膨大，有蜡粉，顶端形成花球，伞形花序，也有花器退化形成顶生葱头的，在总苞中形成气生鳞茎。

3. **叶及芽** 葱头茎盘上有叶和芽的原始体。芽原始体又叫原基，原始体数目因品种不同而异。叶有叶身和叶鞘两部分，叶身暗绿色，筒状，中空，气孔下陷于角质层中，表面有蜡粉。管状叶腹面凹陷，叶身微弯曲。叶鞘圆筒形，相互抱合形成假茎。在营养生长前期，叶身生长速度快于叶鞘，叶鞘基部不膨大，假茎粗细上下相仿，因而形成繁茂的叶簇。在营养生长后期，由于叶鞘基部积累营养，叶鞘生长快于叶身，叶鞘基部生长后期膨大，形成开放性肉质鳞片。鳞片中含有 2～5 个鳞芽，鳞芽着生在茎盘的叶腋间，呈螺旋形排列，这些鳞芽分化成无叶身的幼叶，幼叶积累营养物质直接肥厚形成闭合性肉质鳞片；鳞茎成熟时，最外面 1～3 层叶鞘基部所贮养分内移，干缩成膜质鳞片，以保护内层鳞片，减少蒸腾，使葱头能长期贮藏。

4. 生育周期 从种子萌发到开花结籽的过程为一个生育周期。葱头为 2～3 年生蔬菜，生育周期长短因播种期不同而异。葱头一生植株形态变化很大，并且在不同时期对外界条件的要求也不一样，整个生长期分营养生长期、鳞茎休眠期和生殖生长期三个时期。

(1) 营养生长期

① 发芽期。从种子萌动到第一片真叶出现为止，此期约需 15 天左右，其种子发芽出土过程与大葱相同。

② 幼苗期。从第一片真叶出现到定植为止。幼苗期的长短因播种和定植的时期不同而异，秋播秋栽或春播春栽需 40～60 天；秋播春栽需 180～230 天（冬前生长 60～80 天，越冬期 120～180 天）。葱头幼苗期生长发育缓慢，其根系的生长发育比地上部的生长更为重要，通常采用育苗移栽方式栽培。对越冬幼苗，应注意适当控制其生长，以防通过春化过程而未熟抽薹。

③ 叶片生长期。定植后至鳞茎开始膨大前称叶片生长期。定植后经过短暂缓苗便陆续发生新根长出新叶，使吸收和同化功能得以恢复。定植后 30 天内根系生长速度很快，春栽的幼苗随着外界气温的上升，根先于地上部生长。以后叶片迅速生长，至长出功能叶片 8～9 片为止，需要 40～60 天；秋栽越冬的幼苗需 120～150 天。在定植前后，如幼苗过大而且受到低温（2～10 ℃）、干旱等不利条件的影响，可能会使部分植株发生分蘖（分球）或早期抽薹，若遇到土壤高温和干旱会加快根系的老化，所以，应注意保持土壤湿润。

④ 鳞茎膨大期。鳞茎开始膨大到收获为鳞茎膨大期。一般定植

后 50～60 天（最后一片真叶长出）即进入鳞茎膨大初期，此时叶的生长仍占优势，株高、叶重显著增加，叶鞘基部逐渐增厚，北方地区在长日照和高温条件下，南方地区则在短日照和较低温度条件下，叶部生长受到抑制，叶片的养分转入叶鞘基部和幼芽中，使鳞片迅速增厚，根、叶生长逐渐停滞，进入鳞茎膨大盛期。约需 30～40 天时间。鳞茎充分肥大，叶身开始枯萎，假茎松软，细胞逐渐失去膨压而倒伏，叶部变黄，最外 1～3 层鳞片由于养分内移而干缩变半薄膜状态表皮，生长活动也随之迟滞而将进入休眠，这时应进行收获。如果在鳞茎肥大生长期间，遇到不正常的低温或氮素肥料过量时，会贪青生长而不发生或延迟发生倒伏现象。

鳞茎的形成是葱蒜对外界条件的一种适应性，是葱头为了保护幼芽渡过不良环境的一种保护组织，是在高温长日照下植株进入休眠前进行养分积累的一种形式。只有在叶片发育良好，营养生长旺盛的基础上，植株的营养积累多，鳞茎才能肥大。鳞茎的形成与日照的长短有关，长日照能加速鳞茎的形成，其要求的界限因品种而不同，一般南方型和早生型品种在 13 小时以上的日照下形成鳞茎；北方型和晚生型品种却要求在 15 小时以上。鳞茎的形成还需一定的温度条件，只有满足日照时数和温度条件，鳞茎才能肥大，肥大适宜温度为 15～25 ℃。

(2) 鳞茎休眠期 葱头收获后即进入生理休眠期。葱头的自然休眠是对高温、长日照、干旱等不良条件的适应，这个时期即使给予良好的发芽条件，葱头也不会萌发。在生产中，收获后要进行干燥处理，以便贮藏。休眠期长短随品种、休眠程度和外界条件而异，一般需 60～90 天。生理休眠解除后，若不种植，鳞茎进入被迫休眠期。

(3) 生殖生长期

① 抽薹开花期。将通过生理休眠的采种母鳞茎，再行定植，在田间一旦获得了适宜的高温、长日照条件，就能形成花芽，抽薹开花。葱头是多胚性植物，每个鳞茎可以长出 2～5 个花薹。葱头花两性，异花授粉。一般只有在顶芽和顶芽附近发生早的芽才能抽薹开花，每个花薹顶端有一伞形花序，内着生小花 200～300 朵。

② 种子形成期。从开花到种子成熟为止。葱头定植后当年形成

商品鳞茎，翌年抽薹开花。果实为 2 裂蒴果。种子呈盾形，断面三角形，外皮坚硬多皱纹，黑色，千粒重 3～4 克，使用年限 1～2 年。

（二）葱头对环境条件的要求

1. **温度** 葱头对温度的适应性强。种子和母鳞茎在 3～5 ℃下可缓慢发芽，12 ℃以上加速。生长适温幼苗期为 12～20 ℃，叶片生长期为 18～20 ℃，鳞茎膨大期为 20～26 ℃。温度超过 26 ℃，生长衰退，鳞茎便停止生长，进入生理休眠。健壮的幼苗，可耐－7～－6 ℃的低温。葱头是绿体春化型植物，当植株长到 3～4 片真叶，茎粗大于 0.5 厘米以上，积累了一定的营养时，才能感受低温通过春化，多数品种需要的条件是在 2～5 ℃下 60～70 天左右，一般南方型品种在 9～10 ℃的温度下只需 40～50 天，而北方型品种则需在 3～5 ℃的低温下经 55～60 天才能完成春化过程。

在温度较低时，根系的生长发育比叶部快，当温度升到 10 ℃时，叶部生长快于根系。因此，春季葱头种株和春栽幼苗应提早定植，使其在发芽以前形成较多的根系。

2. **光照** 鳞茎形成需要长日照，延长日照长度可以加速鳞茎的形成和成熟。其中长日型品种需 13.5～15 小时，短日型品种需 11.5～13 小时。我国北方多长日型晚熟品种，南方多短日型早熟品种。葱头完成春化过程以后，在长日照和 15～20 ℃的温度条件下，才能抽薹开花结实，故引种时应予以注意。另外，葱头对光照强度的要求低于果菜类蔬菜，高于一般叶菜类蔬菜。

3. **水分** 葱头要求较高的土壤湿度和较低的空气湿度，特别是在发芽期、幼苗生长盛期和鳞茎膨大期，及时供应充足水分是夺取高产的重要环节。但在幼苗越冬前要控制水分，以免越冬幼苗徒长和秧苗过大。葱头叶身耐旱，空气湿度过大易诱发病害，在鳞茎采收前，也要逐步减少灌水，防治含水量过多而影响贮藏。

4. **土壤营养** 葱头根系浅，吸收能力弱，要求土质肥沃、疏松、保水保肥力强的壤土。黏土有碍根系和鳞茎生长，沙土保肥保水能力差，也不适宜葱头栽培。葱头能忍耐轻度盐碱，但幼苗期对盐碱反应比较敏感，容易黄叶死苗。要求土壤 pH 6.0～8.0，在 pH 6.0～6.5 的土壤上种植比较适宜。葱头为喜肥作物，对养分要求也较高，幼苗期以氮肥为主，鳞茎膨大期以钾肥为主，磷肥在苗期就应使用，以促进氮肥的吸收、促进鳞茎肥大、提高品质。另外，由于葱头根系吸收能力较弱，中后期应用叶面喷肥技术提高营养水平，对提高产量有较好作用。一般每亩标准施肥量为氮 12.5～14.3 千克，磷 10～11.3 千克，钾 12.5～15 千克。

（三）葱头类型与优良品种介绍

按葱头鳞茎形成特性，可分为普通葱头、分蘖葱头和顶球葱头三个类型。

1. 普通葱头　普通葱头栽培广泛，每株通常只形成一个肥大鳞茎，植株健壮，品质好、产量高，耐寒性较强，在伞形花序上开花结籽，多以种子繁殖，目前生产上栽培的以此类型居多。按鳞茎皮色可分为红皮葱头（有紫红和粉红）、黄皮葱头（有铜黄和淡黄）和白皮葱头。

（1）红皮葱头　鳞茎圆球形或扁圆形，外皮紫红至粉红，肉质微红。含水量稍高，辛辣味较强，丰产，耐贮性稍差，多为中、晚熟品种。优良品种有北京紫皮、西安红皮等。

北京紫皮　北京地方品种，植株高 60 厘米以上，开展度约 45 厘米。成株有功能叶 9～10 枚，深绿色，有蜡粉；叶鞘较粗，绿色。鳞茎扁圆形，纵茎 5～6 厘米，横茎 9 厘米以上。鳞茎外皮红色，肉质鳞茎浅紫色。单球重 250～300 克，鳞片肥厚，但不坚实，含水分较多，品质中等，中晚熟。生理休眠期短，易发芽，耐贮性差。

甘肃紫皮　植株高 70 厘米以上，成株有功能叶 10 枚左右，叶色深绿，有蜡粉，假茎较粗。鳞茎扁圆形，纵茎 4～5 厘米，横茎 9～10 厘米。鳞皮半革质，紫红色；肉质鳞片 7～9 层，淡紫色。单球重 250～300 克，辣味浓，水分多，品质中等，抗寒、耐旱。生理休眠期短，萌芽早，易腐烂。

高桩红皮　陕西省农业科学院蔬菜研究所选育而成，植株健壮。

叶色深绿，有蜡粉。鳞茎纵径 7～8 厘米，横径 9～10 厘米，外表皮紫红色，内部的肉质鳞片白色带紫晕。单球重 150～200 克，中晚熟。对肥水要求较高，分蘖少，有较强的抗寒能力，但不耐贮。每亩产量为 3 500～4 000 千克。

红太阳 该品种来自美国，生育期较短，植株生长势强。鳞茎球形，外皮紫红色。单球重 150 克左右，最大可达 400 克，葱头大小整齐，品质好，抗逆性强，抗病性强，耐贮性好，贮藏期可达 150 天以上。倒伏期一致，封口严密。

紫选 1 号 北京市农林科学院蔬菜研究中心根茎类蔬菜育种课题组培育的系列新品种。长日照类型，中晚熟品种，从定植到收获约 120 天，每亩产量 4 000～5 000 千克，为出口、鲜食与加工的理想品种。鳞茎高桩球性，纵径 7～8 厘米，横径 8～9 厘米。单球重约 300 克，外皮紫红色，有鲜亮光泽，肉质细嫩，呈白色。辣味较浓，带甜味，干物质含量高，水分含量少。品种抗病、耐寒，贮藏期达半年左右。耐抽薹，耐分球。西北、东北等地区可 3～4 月保护地育苗，5 月定植，9 月收获。

红叶 3 号 由日本株式会社"七宝"育成，植株直立，叶色浓绿，长势旺。鳞茎圆球形，外皮浅红棕色，平均单球重 350 克。肉质厚且风味好，不易抽薹、分球，抗病性好，极耐贮藏和运输。华北地区一般在 9 月初育苗，翌年 6 月初收获，一般每亩产量 7 000 千克以上。出口创汇洋葱中比较优秀的品种，不足之处是萌芽慢，幼苗纤细，育苗期生长缓慢。

紫星 河北省邯郸市蔬菜研究所经系统选育而成的国内第一个紫皮洋葱新品种，超高产性能显著，每亩葱头产量 6 000 千克，高者可达 7 000 千克以上。葱头属大型种类型，扁圆形，横径 8～9 厘米，纵径 6～7 厘米。平均单球重 250 克，最大单球重 400 克以上，品质脆嫩，有甜味，辣味较浓。葱头外表皮色泽漂亮，为深紫红色，有鲜亮光泽，与其他红皮或紫皮洋葱品种有明显区别。耐贮性强，葱头收获后有 3 个月的安全存放期，不萎缩，不出芽。

泰星紫玉 鳞茎扁圆形，外皮紫红色，干后半革质，鳞片肉质白色、鲜嫩、纤维少，辣味适中，葱香浓郁，品质极佳，商品性好，单球重 290～450 克。耐寒、抗病、产量稳定，每亩产量 4 500～6 000 千克。

紫玉 安阳市农业科学院采用系统选择的方法，用优良单株经过 8 年 4 代定向选择，4 年 2 代改良育成的紫皮扁圆形新品种，2013 年通过河南省科技厅组织的专家鉴定，该品种属中熟品种，中长日照型，生育期 270 天左右。鳞茎扁圆形，表皮紫红色，横径 7～12 厘米，纵径 5～8 厘米，单球重 200～450 克，最大可达 700 克，产量高，为 6 500 千克/亩。肉质细脆，品质优，鳞茎维生素 C 含量 89.7 毫克/千克，蛋白质 0.96%，硒元素含量 0.033 9 毫克/千克。商品性好，商品球率大于 80%。耐贮性好，干燥通风处贮藏 95 天以上。抗霜霉病、紫斑病；适宜河南省及周边地区种植。

紫玉 2 号 从紫玉品种中选择早熟的单株，采用单株选择而成，比紫玉品种早熟 7～10 天，鳞茎半圆球形，不仅产量高，而且收口紧实，耐贮性好，商品性好，是一个有推广前途的好品种。比对照品种（紫玉）亩增产 417 千克，增产率 8.5%。

(2) 黄皮葱头 鳞茎扁圆形、圆球形或椭圆形，外皮铜黄色或淡黄色，味甜而辛辣，品质佳，耐贮藏，产量稍低。农家优良品种有天津荸荠扁、熊岳圆葱等。黄皮洋葱成株的功能叶有 9～11 枚，叶为管状，叶面有蜡粉，深绿色。鳞茎外皮浅棕黄色，肥厚的鳞片为黄白色，鳞茎盘较小，鳞茎形态不一。扁圆形者纵、横径比为 1：(1.5～1.6)，颈部较细（约 2 厘米），单球重约 100 克；圆球形者其纵、横径比 1：1.2，颈部较粗（约 3 厘米），单球重 150～200 克。鳞茎细嫩，纤维少，辣味较轻而略甜。鳞茎含水量较少，耐贮藏。每亩产量 1 500～2 000 千克。

黄皮葱头的品种类型较多，主要分早熟、中熟和晚熟三大类型，其共同的特点：肉质细腻、爽口，无辛辣味，可生食、炒食，也可脱水加工成脱水蔬菜。一般以 9 月中旬播种为宜。当大部分葱叶倒伏后 3～4 天收获。采收过早，鳞茎尚未完全成熟，含水量较高，产量低且不耐储藏；采收过晚，若遇梅雨季节，鳞茎不能充分干燥，容易腐烂。一般叶片呈半枯萎状态为最佳收获期。

黄金帅 长日照、中晚熟品种，成株叶片 7～8 枚，生长势旺，鳞茎圆球形。纵径 8～9 厘米，横径 7～8 厘米，外皮黄色，干后半革质，内肉白色、鲜嫩，色鲜味美，产量高，抗病能力强，单球重 290～400 克。土地肥沃的高产地块每亩产量 8 000 千克以上。

连葱 7 号 连云港市蔬菜研究所选育的黄皮洋葱新品种，株高 60～70 厘米中熟，全生育期 250 天左右。长势旺盛，植株直立，无叶片下垂，一般有功能叶 7～8 枚。鳞茎圆形球，分球率低，假茎较细，符合出口标准。外皮金黄色，有光泽，辛辣味淡。单球重 290 克左右，亩产 6 000 千克左右，耐抽薹，适宜在黄淮及周边气候相似地区栽培。连云港地区适宜播种期为 9 月 15 日前后，每亩大田用种量 150～200 克。

万金 台湾农友公司培育的中熟、短日照型品种。植株比较高大、直立，叶色较浓。鳞茎扁圆形，纵茎 9 厘米，横茎 11 厘米左右，单球重 600 克左右。鳞茎结构紧实，抗紫斑病，耐黑斑病。

(3) 白皮葱头 鳞茎较小，多为扁圆形，外皮白绿至微绿，肉质柔嫩，品质佳，宜作脱水菜，但产量低，抗病力弱，多为早熟品种。优良品种有新疆白皮等。

新疆白皮 新疆维吾尔自治区的地方品种。植株长势中等，株高 60 厘米，展开度 20 厘米。成株有功能叶 13～14 枚，叶色深绿，蜡粉中等。鳞茎扁球形，纵径 5 厘米，横径 7 厘米。成熟鳞茎的外表皮为白色，膜质；内部肉质鳞片为白色，约 15 层。单球重 150 克，质脆，较甜，微辣，纤维少，品质好。早熟，休眠期短。每亩产量在 2 000 千克左右。

江苏白皮 江苏省扬州市地方品种。植株较直立，株高 60 厘米以上。叶细长，叶色深绿，有蜡粉。鳞茎为扁球形，纵径 6～17 厘米，横径 9 厘米。成熟的鳞茎表皮为黄白色，半革质化；内部的肉质鳞片为白色，内有鳞芽 2～4 个。单球重为 100～150 克，质脆，较甜，略带辣味。早熟，耐寒性强。每亩产量为 1 500～1 750 千克。

系选美白 天津市农业科学院蔬菜研究所选育而成的新品种。株高 60 厘米。成株功能叶 9～10 枚，蜡粉少。鳞茎圆球形，球茎 10 厘米左右；外皮白色，半革质化；内部肉质鳞片为纯白色，结构紧实，不易失水。单球重 250 克，质脆，甜辣味适中，适于生食和加工干制。抗寒，耐贮，耐盐碱，不易抽薹。每亩产量可达到 4 000 千克。

PS11390 美国皮托种子公司一代杂交种。中晚熟、短日照、白皮洋葱品种。鳞茎近圆球形，均匀整齐，外皮亮白色，鳞片白色。干物质含量高，可溶性固形物含量占 22%，适合脱水加工。植株长势中等，可适当密植。河南地区播种在 9 月中旬左右。

雅士高 由美国引进，在莆田地区进行试种。其表现为熟期适中、丰产性好、适应性强等特点。株高 60 厘米左右。成株叶片 11～12 枚，叶色绿，蜡粉多，叶鞘浅绿色。鳞茎圆球形，球茎 10 厘米左右，外皮浅黄膜质，肉质鳞片纯白色、紧实。单球重平均 200 克左右。其耐贮性、不易抽薹性和对盐、碱土壤的适应性都比其他白皮品种强。

2. 分蘖葱头 普通葱头的一个变种，又名埃及葱头。在植株茎部分蘖成多个小鳞茎，大小不规则，鳞茎呈铜黄色，品质较差，产量较低。很少开花结实，用分蘖小鳞茎繁殖。抗寒力强且耐贮藏，在东北地区有少量栽培。

3. 顶生葱头 普通葱头的又一个变种，通常不开花，在花序上形成多个气生小鳞茎，以此进行繁殖。植株鳞茎不膨大。抗寒性极强，适于高寒地区栽培。

（四）葱头高产栽培技术

1. 栽培季节 葱头幼苗生长缓慢，占地时间长，而鳞茎形成期又需要有一定的温度和长日照条件，还必须避开炎热季节，因此，一般采用育苗移栽方式，由于各地区的气候条件不同，栽培季节和方式也有差异（视频 18）。在华北地区一般采用秋播育苗方法，即秋播培育秧苗，当年秋季定植田间，或以幼苗贮藏越冬，第二年春季定植，夏季收获。河南、山东、陕西中南部以 8 月下旬至 9 月上旬播种育苗，10 月下旬定植，在 6 月上中旬收获。

视频 18
葱头栽培季节
与育苗技术
要点

2. 播种育苗 育苗床应选择在疏松、肥沃、排灌方便且不重茬的地块，精细整地，浇透水，将已催好芽的种子拌入细土中，均匀撒在畦面上，然后覆盖 2 厘米厚的细土。在正常情况下，每亩育苗床播种量为 4～5 千克，可供 8～10 亩地栽植。

适期播种是生产的关键。葱头的生长适宜温度为 12～19 ℃，种子可在 3～5 ℃的低温下缓慢发芽，12 ℃以上则发芽迅速。幼苗生长适温为 12～20 ℃，鳞茎膨大期适温 20～26 ℃，超过 26 ℃植株生长则受到抑制而进入休眠。葱头通过春化阶段需要具备两个条件：一是幼苗要经过 60～70 天的 2～5 ℃的低温环境；二是幼苗植株必须有一定的营养体，具备一定的物质积累，才能感受低温而抽薹开花。因此，播种过早，苗子过大，先期抽薹率高，产量受到影响；播种过晚，苗子太小，冬季容易受冻，也会影响产量。豫北地区的播种期在白露前后 4～5 天。育苗移栽可早播几天，直播的可晚播几天。播种后保持土壤湿润，直到生出第一真叶时适当控水。当生出 2 片真叶时，可结合浇水追施氮肥，亩施硫酸铵 30 千克左右。在苗高 5～6 厘米时进行间苗，保持苗距 3 厘米见方。在定植前 10～15 天，可对幼苗喷洒 0.3％的磷酸二氢钾溶液，促进根系发育。

3. 定植技术

(1) 地块选择　葱头忌重茬，也不宜和其他葱蒜类蔬菜连作。秋栽前茬应为茄果类、瓜类、早秋菜或早秋农作物。葱头在北方地区多采用平畦栽培，由于其根系浅而小，要求地块精耕细作，施足底肥。一般亩施有机肥 2 000 千克，过磷酸钙 20～25 千克。

(2) 选苗　定植前要作好选苗工作。根据苗床墒情，可轻浇 1 次水。当床土干湿适度时，用铲子起苗，不要直接拔苗，否则容易伤根，成活率低。苗适度大小的标准是：真叶 3～5 片，株高 20～30 厘米，叶鞘直径 6～7 毫米，单株重 4～6 克。葱苗可以分两级：直径 0.5～0.8 毫米的为一级苗；直径 0.3～0.5 毫米的为二级苗。要将已受病、虫危害，黄化萎缩，徒长，分枝，叶鞘基部松软和根部腐朽的劣苗淘汰。剔除直径 0.8 毫米以上的过大苗和直径 0.3 毫米以下的小苗。按苗子大小进行栽植，便于管理。如苗缺乏，需要定植直径接近 1 厘米的大苗，在定植前可将叶部剪掉三分之一，这对减少抽薹有一定作用，但剪叶不能过量，否则减产严重。

(3) 定植 为促进幼苗生长和发根，定植前用 40％的乙烯利稀释液，或爱多收，或赤霉素浸根 0.5 小时，有显著促进生长和增产效果。

晚秋定植，必须在严寒以前使幼苗缓苗并恢复生长，不至于因冬前幼苗根系未充分恢复生长而引起死苗。一般晚秋定植后到恢复生长需要 30 天左右，应在旬平均气温 4～5 ℃时定植。一般行距 15～18 厘米，株距 10～13 厘米，亩定植 3 万～4 万株。

视频 19
葱头定植管理
技术要点

葱头适于浅栽，过深过浅都会影响品质和产量。一般定植深度以埋住小鳞茎为准，约 2～3 厘米（视频 19）。

4. 田间管理技术

(1) 浇水 不论在什么季节定植，定植时都要浇水，通过浇水使根系和土壤紧密结合。冬前定植的秧苗，由于气温低，幼苗生长缓慢，需水量有限，在浇好定植水后，应控制浇水，加强浅中耕保墒，促进根系生长，增强抗寒性。注意越冬前必须浇水，以便顺利越冬。翌春返青后，及时浇返青水，由于早春气温低，浇水量不宜过大。进入发叶盛期，应适当增加浇水。进入鳞茎膨大期后，植株对水分要求日益增多，气温也逐渐升高，浇水次数也随之增多，一般每隔 7～8 天浇水一次。浇水时间以早晚为好。鳞茎临近成熟期，叶部和根系的生活机能减退，应逐渐减少浇水。收获前 7～8 天停止浇水，利于贮藏。

(2) 追肥 根据葱头的生长发育特点，作好分期追肥是丰产的关键之一。在施足底肥的基础上，越冬前可盖粪土，护根防冻害，返青后进行第一次追肥。每亩追施磷酸二铵 10～15 千克。返青后月余，植株进入叶生长盛期，应结合浇水，追施第二次肥，每亩追施硫酸铵 10～15 千克。当植株生长有 8～10 片管状叶后，鳞茎开始肥大生长时，应结合浇水，重施催头肥，每亩追施硫酸铵 10～15 千克，氯化钾 5～10 千克。在鳞茎膨大生长期，缺钾不仅会使产量降低，而且对产品的耐贮性也有一定影响，所以应增施钾肥。据研究，葱头适应和需要高含量的氯才能获得最佳产量和品质，氯在葱头营养中的地位属第四位，排在氮、磷、钾之后。一是氯离子调控着气孔的关闭；二是葱头不含淀粉，需要用氯离子来平衡钾离子的流入，所以，最好施用氯化钾钾肥。

（3）越冬保苗措施　定植后田间缺苗是减产的主要因素之一，能否保护幼苗越冬、提早发根是增产的关键。①倾斜栽植。葱头定植时，开沟后将幼苗摆放在向阳的一侧，使之充分受光，提高成活率。②选苗与补栽。据试验，叶鞘直径5～7毫米，单株鳞茎重4～6克的苗是适度幼苗。翌年返青后，在浇返青水前进行查苗补栽。③浇封冻水与覆盖防寒。在土壤即将封冻时要选择晴天中午浇封冻水。并可在畦面上用堆肥、马粪、麦秸等覆盖防寒。另外，利用地膜覆盖栽培，也有较好的保苗效果。

（4）防止早期抽薹　葱头早期抽薹也是生产上减产的主要因素之一。可采取以下几方面措施进行克服：①选择抗抽薹品种。②正确掌握适宜的播期。依据各地气候条件和生产实践而定。③选用大小适度的幼苗。一般认为，具有3～4片真叶，株高15厘米，叶鞘直径0.5毫米，单株鲜重4～6克的幼苗为适度幼苗。④防止肥水管理失当。在越冬前肥水过重，幼苗生长过盛，便会导致先期抽薹。翌年春季返青后控水控肥或肥水跟不上，也会加重早期抽薹。⑤及时摘薹。发现早期抽薹的植株，应及时摘除。

总之，克服早期抽薹的基础是培育具有不易抽薹特性，而且适应某些地区气候条件的优良品种，在此基础上，与适期播种、合理施肥、加强田间管理等措施相配合，以求达到尽可能减少早期抽薹的目的。摘薹是一种被动的补救措施。

（五）葱头收获与贮藏技术

1. **收获标准及处理**　葱头采收一般在5月底至6月上旬。当葱头叶片由下而上逐渐开始变黄，假茎变软并开始倒伏，鳞茎停止膨大，外皮革质，进入休眠阶段，标志着鳞茎已经成熟，应及时收获。一般休眠期短、耐贮性差的品种在倒伏率30%～50%时收获；中、晚熟休眠期长的品种倒伏率达70%左右，第一、二叶已枯死，第三、四叶尖端变黄时收获。收获时尽量避免碰伤鳞茎，引起贮藏期的腐烂。

采前喷洒抑芽剂。贮藏的葱头在收获前 7～10 天停止浇水，在收获前 7～14 天，选晴天在田间喷青鲜素（MH 化学成分为顺丁烯二酸联胺）0.25％水溶液，每亩用量 50～75 千克，并可加入 200 克洗衣粉，以增加黏着性。经青鲜素处理的洋葱，可贮藏至翌年 3～5 月不萌芽。但由于生长点受到破坏，不能留作种用。

直接上市的可削去根部，并在鳞茎上部假茎处剪断，即可装筐出售。

2. **晾晒与贮藏**　作贮藏的葱头，宜选择黄皮、扁圆形、个体大、辛辣味浓、水分含量低、鳞茎颈部细小的个体。

葱头在收获后必须使管状叶和鳞茎外皮成为干燥状态，所以，在收获后必须充分晾晒，这是进行贮藏的一项重要措施。如需贮藏的葱头，则不去茎叶，收获后随即晾晒。晾晒方法：在收获后先就地一排排摆好，使后排的洋葱叶子盖住前排的鳞茎，以免直接暴晒而使鳞茎受到灼伤。晾晒 3～4 天后叶子已经发软，应及时编辫子。编辫时应注意选头，去掉伤、劣葱头，按葱头大小编辫。如晾晒后茎叶较少，可加湿稻草便于编辫。每辫重 5～7 千克。编好以后使鳞茎朝下，叶辫朝上，一辫一辫地单独摆平继续晾晒。中午阳光过强时要适当遮盖，下午再揭去。晾晒期间要注意防雨、防露，如遇降雨要提前码成 1 米左右高的小垛，用废旧塑料或苇席盖好，切忌雨淋，一旦将辫子淋湿就很难再晒干，必将影响贮藏效果。天气转晴后及时摊开继续晾晒，经过 6～7 天辫子由绿变黄，鳞茎外皮充分干燥后即可堆成小垛临时贮藏或进行长期贮藏。长期贮藏方法有：

（1）**垛藏**　我国华北地区多用室外码垛贮藏。具体方法是：在收获、晾晒、编辫、再晾晒使鳞茎充分干燥的基础上，首先码成小垛。垛下面用土埂、木檩等垫高 30～50 厘米，上铺秫秸，将葱头辫子一层层码好，垛高 1 米、宽 2 米左右，顶部用苇席等物盖好防雨。经十余天后，选晴天摊开再晒，这样反复晾晒 2～3 次葱头辫子充分干燥后便可上大垛。大垛高 1.5 米，宽 1.2～1.5 米，长约 8.3 米。这样一垛可贮葱 5 000 千克。为了防止洋葱受潮，要选地势高燥、空气流通、排水良好的地块，南北向垒两行、间距 0.66 米。作宽 1 米的土埂，铺上木檩，上垫秫秸厚约 20 厘米作底。将充分晾晒的洋葱辫子头朝外，辫梢朝内一层层码放整齐。垛好后，四周用两层苇席围好。并用绳子横竖扎紧，垛顶先铺稻草，再压土、抹泥，这样可防阳光直晒和雨水渗入。为了降低垛内温度，码垛最好在晴天黎明进行。白天码垛因葱头晒得很热，容易发生腐烂。如果连续降雨或阴天，当天气转晴时，可留一层席，将其余席子揭起晾晒，然后再封好。封垛以后，只要不是漏雨，不应倒垛，以防碰伤促使萌芽。在码垛和搬运时要轻拿轻放，以免造成机械损伤。上海等地也有不编辫码垛的，方法是将经过充分晾晒的葱头扎成小把，然后选地势高的场所，在地面上垫起约 20 厘米厚的麦秸作垛底，把葱头堆成圆形垛，底部直径 2 米、高 1.3 米左右，可贮 750～1 500 千克。垛的四周围以麦秸，顶部也用麦秸做成屋顶状，以防淋雨。

(2) 挂藏 华东地区多采用挂藏。将带叶的葱头 10～20 头扎成一把，在通风良好的室内用竹竿木棍搭成挂藏架，将葱头一把一把地挂在架上。也可编辫，每辫 60 头，或两辫一挂，每挂 5 千克。如果晾晒后茎叶过少，可加湿稻草以变于编辫。编好后，将葱头向下，茎叶向上，继续晾晒 6～7 天，使葱头充分干燥。晾晒时不可遇雨，直到绿色部分变为黄色，将辫挂在木架上。保持室内的空气干燥，经常通风排湿。贮藏期间，及时清除腐烂的葱头。

(3) 室内堆藏 将切去叶片的葱头堆放在通风、干燥的室内，堆高不超过 1 米，每隔 15 天，翻动一次。进入 10 月，气温降低，即可入囤。囤的结构类似粮囤，下部铺砖石，砖石上架竹竿或木棍，四周用苇席围起来；在囤的底部铺一层稻草，再放入 3～4 层葱头；其上铺一层玉米秸秆，以利于通风降温；其上再铺 3～4 层葱头。这样，层层上堆，直到满囤为止。每隔 15～20 天翻堆 1 次。翻堆 2～3 次后，气温降低，不必再翻堆。如遇寒冷天气，囤顶覆草防冻。

(4) 冷库贮藏 在葱头生理休眠的后期，将葱头装在网袋或木箱里，放入冷库，这样比较经济。入库的时间也不可过晚，否则会影响贮藏效果。库内贮藏的适宜温度为 0～2 ℃，空气相对湿度为 70％左右。因冷藏需要投资基建冷库，贮藏成本较高，不能普遍地应用。冷藏前把收获后晾干的葱头切去假茎和叶片部分，放入塑料箱或柳条筐中。入库前，冷库内要进行消毒。准备堆贮葱头的地方铺上垫板。冷藏葱头入库前必须进行预冷阶段。库内堆放时，每堆之间要留有通道。

冷库贮藏为强迫休眠法，当葱头通过休眠即将发芽时，进入低温的环境，使葱头继续休眠以延长贮藏期。方法是在8月下旬洋葱脱离自然休眠以前装箱（筐）存放冷库。入库前先将挑选好的葱头预冷降温，以入库前贮藏环境温度作为入库后变温起点，每天下降0.5℃，直到降到贮藏温度。当葱头产品温度达到贮藏温度时，入冷库贮藏，库房温度控制在0～2℃，温度波动要尽量小，波动大易引起生理病变。

（5）气调贮藏　用快速降氧法或自然降氧法，以减少葱头贮藏环境中的氧气。可在葱头休眠期内进行。方法是，先在清理消毒的地窖或地下室内铺一层规格大于垛底，厚0.14～0.23毫米的薄膜作帐底，上撒10～15千克消石灰，垫上2～3层砖，再上面码放木箱，每木箱装充分干燥的洋葱17.5千克。木箱可码成长方形，长6箱，宽4箱，两层共放840千克左右。而后罩上与垛大小相等的薄膜帐子，将帐子底边与帐底的薄膜一起卷起，用砖或土压紧。帐子四周如有抽气孔、通风口也要扎紧。这样构成一个密闭的贮藏系统。封帐后，垛内葱头由于呼吸作用，二氧化碳会逐渐升高，氧气逐渐减少，从而达到缺氧贮藏的目的。一般气调贮藏，帐内的氧含量指标为1%～3%，二氧化碳含量为5%～10%。在贮藏过程中每隔25～30天检查1次，拣出病、烂的洋葱，继续贮藏。

（六）葱头采种技术

1. **采种地点的选择**　葱头的采种要选择各方面条件较好的地方，采种田应选择土质肥沃、保水力强的黏质壤土地带为宜，同时要具备灌溉和排水条件。旱田地容易因干旱而影响子粒饱满度、产量和发芽势，同时也容易发生葱蓟马危害，所以旱田地不宜采种。规模采种时，还要注意降雨量，该期降雨量在150毫米以下才适于葱头采种。

葱头属异花授粉作物，昆虫传粉，所以要注意品种间的隔离，自然隔离区要 1 000 米以上。同时采种田不能毗邻葱头生产田，以免造成病虫害的传播，以及生产田葱头的先期抽薹而影响采种质量。根据实践经验，大葱和葱头由于染色体数目相等，能够串花杂交，在采种时应加以注意，也不要毗邻大葱生产田。总之，选择适宜的采种地段、作物布局力求合理，是获得高质、高产种子的基础。

2. **采种时期与种球茎的选择**　留种用的鳞茎称为种球。葱头是利用鳞茎在贮藏期间或定植以后，逐步满足了对低温的要求，而后又获得适宜的长日照条件，即形成花芽而抽薹开花。因葱头为多胚性作物，每个鳞茎可以长出 2～8 个花薹。若花薹过多，应将长势较弱的割去，保留 4～5 个花薹即可。每个花薹顶部长出花球，外有总苞包被，内有数百个小花，雌雄同花，异花授粉，所以采种应注意隔离。洋葱采种方法，按其鳞茎定植时期，分为春栽和秋栽；按其开花时是否有保护措施，分为露地采种和保护地采种。我国多实行露地采种。洋葱鳞茎能在露地安全越冬的地区，种株以秋栽为宜，这样可提早种株开花期，避开雨季而获得高产；而北方地区鳞茎不能在露地安全越冬，只能实行春栽采种。

葱头采种既要获得较高的种子产量，更要保证品种的纯度。提高种性，单靠采种技术是不够的，关键是选择采种用的葱头种球。春季栽植的葱头种球要经过 3 次选择：第 1 次在生产田葱头生长过程中仔细观察，选择株形纯正、假茎较高、粗细适中、叶色浓绿、长势旺盛的植株，并挂上纸牌。选择数量要比实际需要量多 30% 左右。第 2 次在采收时把挂牌的植株单收单晒，再进行一次严格挑选，选择外层鳞片不开裂、无病虫害、葱头形状颜色具有本品种特征的葱头，进行单贮。贮藏的理想温度为 0～1 ℃或 25～30 ℃，并要求较低的空气相对湿度（70%～75%）。第 3 次在春季栽植时，剔除贮藏过程中发芽、腐烂、受冻或伤热的葱头。

3. **整地施肥种植收获**　葱头采种生产周期长，种子寿命短。种球种植前应精细整地，重施底肥。一般亩施腐熟有机肥 4 米^3 以上，磷酸二铵 20 千克。华北地区秋栽一般在 9 月，豫北地区在 10 月下旬为宜，冬季覆盖麦秸越冬；也可在春季 3 月土壤解冻后种植，但开花晚、产量低。栽植时用小犁铧开沟，行距 40～50 厘米，沟深 13 厘米（春季稍浅），按株距 17 厘米将种球均匀摆于沟内。忌倒放，影响出苗。一般亩需种球 1 000 千克，栽后随即覆土耙平。在土壤结冻初期的 12 月上旬覆盖 10 厘米厚的麦秸，麦秸上适当压土，以防被风吹散，翌春 3 月初撤除麦秸。一般 3 月下旬开始陆续发芽出土，4 月中旬出齐。为提高地温，促进发芽和根系生长，出苗前不宜浇水。在 4 月中下旬浇头水，并结合灌水亩追尿素 15 千克左右，间隔半月浇一水，连浇三水。每次浇水后要进行中耕松土，促进繁种株营养生长。此后，适当控水控肥，以免徒长。冬栽一般 6 月中旬后开始抽薹开花，此期是植株需水肥量最大的时期，要加强水肥管理。开花初期可结合浇水亩追施腐熟的粪稀 3 000 千克或硫酸铵 10 千克及适量的磷、钾肥，在追肥的基础上，每隔 7～10 天喷 1 次 0.4% 的磷酸二氢钾溶液，共喷 2～3 次，有较好的促进籽粒饱满、提高产量的效果。另外，还应注意及时防治病虫害。从抽薹至成熟需 50 天左右。秋栽一般 8 月上旬、春栽在 9 月上旬开始陆续成熟。成熟的花球呈淡黄色，其蒴果有 20% 左右开裂即可采收。采收时用剪刀在距花球 20 厘米处剪下，堆放于通风干燥处后熟 3～5 天，然后晒干脱粒，随后将种子收藏于阴凉干燥处。一般中等肥力地块可亩产种子 70 千克以上。

（七）葱头病虫害防治技术

葱头病虫害与大葱病虫害种类相似，其防治措施参照大葱。这里只把葱头生理性病害防治简述如下。

1. 氮缺乏与过剩　氮素不足，生长受到抑制，先从老叶开始黄化，严重时枯死，但根系活力正常。鳞茎膨大不良，造成鳞茎小而瘦，不能充分发挥其丰产潜力。氮素吸收过剩，叶色深绿，发育进程迟缓，叶部贪青晚熟，且极易染病。氮素过多则导致钙的吸收受阻，容易发生心腐和肌腐。5% 原生汁冲施肥亩用 1 千克加尿素 10 千克冲施或加尿素 15 千克拌匀后撒施并叶喷高能钙胶囊。

2. 磷缺乏与过剩　磷素缺乏，导致株高降低，叶片减少，根系发育受阻，植株生长不良。磷素吸收过剩，则鳞茎外部鳞片会发生缺锌，内部鳞片发生缺钾，鳞茎盘会表现缺镁，则易发生肌腐、心腐和根腐。用高能钾、高能钙、高能镁胶囊各 1 粒加水 15 千克叶面喷施。

3. **钾缺乏**　苗期缺钾，不表现出明显症状，但对鳞茎膨大会有影响，鳞茎肥大期缺钾，则易感染霜霉病，且降低葱头耐贮性。缺钾中后期，往往老叶的叶脉间发生白色到褐色的枯死斑点，很像霜霉病斑。用 80 亿单位地衣芽孢杆菌水剂 800 倍液加高能钾胶囊 1 粒，喷匀为度。

4. **钙缺乏与过剩**　钙吸收不足，则根部和生长点发育会受到影响，组织内部碳水化合物降低，新叶顶或中间产生较宽的不规则形黑斑或白枯斑，球茎发生心腐和肌腐发黑。若钙吸收过量则会导致对其他微量元素的吸收减少，而引起其他元素缺乏。

5. **硼缺乏与过剩**　缺硼则叶片扭曲，生长不良，畸形，失绿，嫩叶发生黄化或黄绿色镶嵌，质地变脆，叶鞘部发生梯形裂纹。鳞茎疏松，严重时发生心腐，根尖生育受阻，影响对其他元素正常吸收，硼过剩则自叶尖开始变白、枯尖。用高能硼兑水喷施。

6. **缺铁、缺镁症**　缺铁则新叶叶脉间发黄，严重时则整个叶片变黄。缺镁则嫩叶尖端变黄，继而向基部扩展，以至枯死，中间叶叶脉间淡绿色至黄色。用高能铁、高能镁兑水喷施。

总之，葱头主要生理性病害应采取以下综合性措施来防治：一是增施腐肥有机肥。二是采用全面配方施肥，满足葱头对各种元素的需求。三是不能偏施重施某种大量或微量肥料，采用综合配施，平衡土壤养分。四是及时对症喷施微量元素肥料。

五、葱蒜类蔬菜高效间套与轮作模式

（一）春葱—玉米‖菜豆

1. 种植模式　该模式冬春季为大葱，夏秋季为玉米间作菜豆。春葱可以弥补大葱供应淡季，并能为玉米、菜豆生产提供较好的茬口基础，是全年生产效益较高的种植模式之一（图 5-1，表 5-1）。

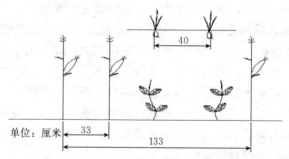

图 5-1　春葱、玉米、菜豆一年三收种植模式

表 5-1　春葱、玉米、菜豆一年三收茬口安排

月份	1	2	3	4	5	6	7	8	9	10	11	12
春葱					□		○ ------			×		
玉米				○					□			
菜豆					○				□□			

注：○代表播种，×代表移栽定植，□与 ▭ 代表收获（长方形表示可多次收获致收获期延长）。下同。

2. 主要栽培技术

春葱 选用抗病、抗倒伏的高产优良品种，7月下旬在育苗床上育苗，苗床要选用地势平坦、无坷垃、底肥充足、上实下虚的壤土。播好种子后耙平床面，然后灌水。播后7～8天，苗出齐后再浇一小水，8月下旬和9月下旬各追肥浇水1次，并注意防治苗期病虫害。10月上中旬秋作物腾茬后将葱苗移栽大田，每亩施优质农家肥4米^{3}以上，碳酸氢铵100千克，过磷酸钙100千克，硫酸钾10千克，作基肥一次性沟施，按40厘米等行距开沟定植，一般株距3.5厘米，每亩定植5万株左右。定植后注意保墒缓苗，并防寒安全越冬。翌春返青后加强管理，一般2月下旬浇水追肥1次，4月春葱生长为旺盛期，此时，不等地皮见干就要浇水，一般采取1次清水浇1次带肥水的肥水管理方法。若后期感染霜霉病和灰霉病，应及时用药防治，一般亩产可达2 500～4 000千克。

玉米 选用丰产潜力大的竖叶大穗壮秆型品种，在春葱收获后及时整地播种，采用宽窄行播种的方式，窄行33厘米，宽行100厘米，每带133厘米种2行玉米，株距28厘米，亩种植3 500多株，按照玉米高产栽培技术管理，成熟先收穗留茎秆，一般亩产500～600千克。

菜豆 选用高产抗病性强的搭架菜豆品种，当玉米长到6片叶时在玉米宽行内播种2行菜豆，穴距同玉米株距，每穴2～3粒，菜豆播种后切忌浇"蒙头水"，以防烂籽，苗期一般不浇水也不施肥，进行挖水蹲苗，甩蔓后以玉米秆为支架进行生产，注意防治蚜虫、红蜘蛛等害虫，一般亩产菜豆2 000千克以上。

（二）春播大葱/露地黄瓜

1. 种植方式

此模式为春直播大葱套种春露地黄瓜，适于城郊有劳动力的农户小面积种植。一般120厘米一带，种2行大葱，2行黄瓜（图5-2，表5-2）。

该模式既可省去大葱开沟、移栽用工，降低生产成本，也可减少黄瓜土传病害的发生。且大葱越夏期间黄瓜给大葱提供了适宜生长的环境条件。3月20日前后播种大葱，4月15日直播黄瓜，期间为大

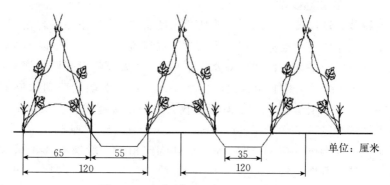

图 5-2 大葱/黄瓜一年二收种植模式

表 5-2 大葱/黄瓜一年二收茬口安排

月份	1	2	3	4	5	6	7	8	9	10	11	12
大葱			○								□	
黄瓜				○			□					

葱和黄瓜共生期，5～6月大葱进行间苗，并采收部分小青葱上市，7月25日黄瓜拉秧，然后为大葱生长管理期，中耕培土至11月大葱收获。该模式每亩可生产小葱 500 千克、大葱 4 500 千克、黄瓜 5 000千克，经济效益一般在 1 万元以上。

2. 主要栽培技术

（1）大葱

选择适宜品种 大葱应选择抗病、抗倒伏、综合性状优良的品种，如安葱 1 号、安葱 3 号、中华巨葱、郑研寒葱等。

整地施肥 3 月 10 日整地，每亩施腐熟有机肥（腐熟鸡粪）5 000千克、硫酸钾复合肥（N：P_2O_5：K_2O 为 14：16：15）30 千克，深耕细耙，小高垄栽培，垄距 1.2 米，垄半腰撒播 2 行大葱，大葱行距 55 厘米，不覆盖地膜。

播种 大葱于 3 月 20 日前后撒播，每亩用种量 2 千克（用种量加大，主要便于收获小青葱），播后轻耙浅覆盖种子，及时浇水，稍干时喷洒大葱专用除草剂乳油（山东章丘大葱研究所研制）1 000 倍

140

液，或 33％二甲戊灵（施田补）乳油 600 倍液，保持土壤湿润直至出苗。

共生期大葱的管理 待黄瓜播种出苗后（4 月 15 日）应注意中耕除草和人工拔草相结合，精细培土。该模式要注意共生期间的水分管理，即大葱种植在小高垄半腰，黄瓜盛瓜期小水洇浇，不能浸泡大葱秧苗，不影响大葱生长；同时要注意在大葱黄瓜共生期间解决好大葱精细培土、除草和大水漫灌的矛盾。同时注意防治葱蓟马，豫北地区 4～6 月是葱蓟马危害最严重时期，可喷洒 10％溴氰虫酰胺分散油悬浮剂 1 700～2 200 倍液，或 1.8％阿维菌素乳油 2 500～3 000 倍液，或 10％吡虫啉可湿性粉剂 2 000 倍液，7～10 天 1 次，交替使用。间苗保苗，苗距 3～4 厘米，并收获部分小青葱上市，上市前 10 天不能喷药。

培土 待黄瓜拉秧后，及时拔除架杆，清理黄瓜病残枝叶，每亩追施磷酸二铵 20 千克，深培土至大葱心叶位置，中耕除草可与培土同时进行，大葱在 8 月立秋后进入旺盛生长期，要培土 4 次，即 8 月 10 日、8 月 26 日、9 月 15 日、10 月 10 日前后。进入 11 月根据市场行情及时收获上市，以获得较高经济效益。

（2）黄瓜

品种选择 黄瓜品种宜选用耐热、耐寒性好，以主蔓结瓜为主的品种，如东方明珠、中农春秋、博杰 109、津优 1 号、露地高产王、春秋青绿等。

黄瓜播种 大葱出苗后，在大葱行间点播黄瓜，黄瓜于 4 月 15 日前后直播，在小高垄半腰大葱行下边穴播，每穴 2 粒种子，每亩用种量 300 克左右，播后覆土厚 1 厘米左右，穴距 30 厘米左右，每亩播种 3 700 穴左右，播后及时浇水。

苗期管理 幼苗二叶一心至三叶一心时定苗，每穴留 1 株健壮秧苗。同时，由于气温逐渐升高，要注意防治蚜虫，可喷洒 10％吡虫啉可湿性粉剂 2 000 倍液。黄瓜秧苗甩蔓后要及时搭架绑蔓，使黄瓜向上攀缘；以主蔓结瓜为主，去除下部所有侧蔓，增加通风透光，利于大葱生长。

肥水管理 黄瓜需要大水大肥，结瓜盛期结合采收一般 3～5 天浇 1 次水，要小水洇浇，不能浸泡大葱秧苗。在基肥施足的情况下全生育期不用追肥。

病害防治　根瓜坐稳后喷洒 72.2%霜霉威（普力克）水剂 800
倍液，或 72%霜脲·锰锌（杜邦克露）可湿性粉剂 500 倍液防治霜
霉病；细菌性角斑病可喷洒 72%农用链霉素可湿性粉剂 4 000 倍液。
采收前 10 天不喷农药。

及时采收　根瓜一般商品性较差，应尽早采收，以免坠秧。结瓜
盛期需要进行疏瓜，2～3 片叶保留 1 根瓜，坐瓜后 5～7 天、瓜条生
长至 17～20 厘米应及时采收，注意轻摘轻放，保持瓜条有嫩刺上市。
7 月 25 日前后，黄瓜植株开始衰败，应及时拉秧，拔除架杆，清理
病残枝叶，为后期大葱培土作准备。

（三）大蒜‖小麦/玉米‖花生

1. 种植模式

一般 120 厘米一带，秋种 3 行大蒜、3 行小麦，夏套种 2 行玉
米、2 行花生（图 5-3，表 5-3）。

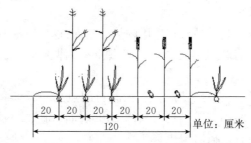

图 5-3　大蒜‖小麦/玉米‖花生一年四收种植模式

表 5-3　大蒜‖小麦/玉米‖花生一年四收茬口安排

月份	1	2	3	4	5	6	7	8	9	10	11	12
大蒜					□				○			
小麦					□				○			
玉米			○					□				
花生				○				□				

2. 主要栽培技术

大蒜 早秋作物收获后，于 9 月中下旬及时施底肥耕地作畦，宽 120 厘米，先播 3 行大蒜。选用抗寒品种，行距 20 厘米，株距 2 厘米左右，每亩种植 80 000 株。亩需蒜头 30 千克左右。年前或早春隔株拔 2 株出售蒜苗，可亩产蒜苗 600 千克以上。冬前优质圈肥覆盖越冬，早春及时中耕追肥浇水管理，按大蒜栽培技术管理，6 月可亩产蒜头 200 千克以上。

小麦 选用高产优质品种，10 月根据品种特性和茬口安排适期播种，一般亩播量 5 千克，按照小麦高产技术管理，亩产 350 千克以上。

玉米 选用大穗竖叶型高产品种，于 4 月下旬大蒜行间点播，株距 28 厘米，亩密度 4 000 株，按照玉米高产栽培技术管理，可亩产玉米 400 千克。

花生 选用中早熟高产品种，于 5 月下旬小麦行间点播，穴距 35 厘米，亩密度 3 000 穴。每穴 2 粒，按照夏花生高产栽培技术管理，可亩产花生 100 千克。

（四）小麦‖蒜苗/西瓜/棉花

1. 栽培模式

一般 350 厘米一带，每带分两畦，大畦 233 厘米，小畦 117 厘米，在小畦中种 6 行小麦，大畦中种 3 行蒜苗，2 行西瓜，4 行棉花（图 5 - 4，表 5 - 4）。

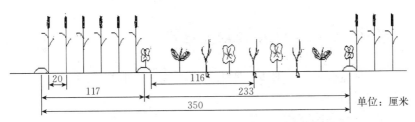

图 5 - 4 小麦‖蒜苗/西瓜/棉花一年四收种植模式

表 5 - 4　小麦‖蒜苗/西瓜/棉花一年四收茬口安排

月份	1	2	3	4	5	6	7	8	9	10	11	12
小麦						▢				○—		
蒜苗			▭—							○—		
西瓜				○——			▢					
棉花					○——			▭——				

2. 主要栽培技术

小麦　选用高产优质品种，10 月适期播种，行距 20 厘米，亩播量 5 千克左右，按小麦高产栽培技术管理，一般亩产 250 千克以上。

蒜苗　蒜苗和小麦同期播种，在大畦中间种 3 行，选用紫皮蒜或白皮蒜，株距 1.6 厘米，一般亩需蒜头 10 千克左右，每亩种植 34 000 株，冬前优质圈肥覆盖越冬，早春及时浇水追肥中耕，有条件的也可以用小弓棚覆盖促进生长，提起上市，增加效益。一般亩产蒜苗 250 千克以上。

西瓜　选用中晚熟品种，于 4 月上旬在蒜苗两行各种 1 行（3 月初阳畦嫁接育苗，4 月底定植的西瓜效益更好），株距 46 厘米，亩种植 800 株，直播后随覆盖地膜，按西瓜高产栽培技术管理，一般亩产 2 500 千克。

棉花　选用夏棉高产品种，在 5 月上中旬在西瓜两边各种 1 行，每带共 4 行棉花，株距 15 厘米，亩种植 5 000 株，采用夏棉高产栽培技术管理，一般亩产皮棉 50 千克以上。

（五）小麦‖葱头/芝麻‖甘薯

1. 种植模式　一般 180 厘米一带，种 6 行小麦、3 行葱头、2 行芝麻、2 行甘薯（图 5 - 5，表 5 - 5）。

2. 主要栽培技术

小麦　选用高产优质品种，10 月根据品种特性和茬口安排适期

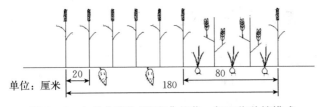

图 5-5 小麦‖葱头/芝麻‖甘薯一年四收种植模式

表 5-5 小麦‖葱头/芝麻‖甘薯一年四收茬口安排

月份	1	2	3	4	5	6	7	8	9	10	11	12
小麦						□				○		
葱头					□				○	×		
芝麻					○				□			
甘薯						○					□	

播种，一般亩播量 5 千克，按照小麦高产技术管理，亩产 400 千克以上。

葱头 参照"葱头/棉花"模式中葱头栽培管理技术，一般亩产 1 000～2 000 千克。

芝麻 选用高产优良品种，在葱头收后及时整地播种 2 行，一般采用条播，出苗后注意中耕防止草荒，定苗后单秆型品种留株距 10 厘米，亩留苗 7 000 多株；分支型品种留株距 13 厘米，亩留苗 5 700 多株；苗期及时追施磷钾肥。初茬期追施氮肥，重视中后期叶面喷肥。盛花后及时打顶减少养分无效消耗，提高体内有机养分利用率。后期注意喷施杀菌剂保叶，延长叶片功能期提高产量，在下部蒴果籽粒充分成熟，上部蒴果籽粒进入乳熟后期及时收获，一般亩产 50 千克以上。

甘薯 选用脱毒优良品种秧苗，在小麦收获带中起小垄种植 2 行，或小麦收获前 7～10 天套栽 2 行，一般株距 38 厘米左右，亩栽植 2 000 株左右，缓苗后及时追施钾肥、团棵期追施氮肥，按照夏甘薯高产栽培技术管理，一般亩产 1 500 千克以上。

（六）葱头/棉花（或甘薯）

1. 种植模式

一般 100 厘米一带，种植 5 行地膜葱头，1 行棉花（或 2 行甘薯）（图 5-6，表 5-6）。

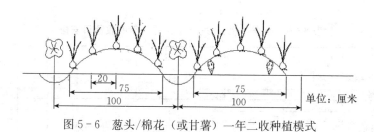

图 5-6　葱头/棉花（或甘薯）一年二收种植模式

表 5-6　葱头/棉花（或甘薯）一年二收茬口安排

月份	1	2	3	4	5	6	7	8	9	10	11	12
葱头					□				○			
棉花（或甘薯）			○——○	○	✕				▭▭	□		

2. 主要栽培技术

葱头　选用紫皮或黄皮优良品种，在 9 月上旬育苗，每亩生产田需要苗床 40～60 米²，种子 250～300 克。足墒遮阴育苗，在 10 月底至 11 月初整地施肥，采用小高畦栽培，畦面宽 15 厘米，沟宽 25 厘米，采用 90 厘米幅宽的地膜覆盖畦面，每个畦面定植 2.7 万～3.3 万株，定植深度 3 厘米，定植后及时返青浇水，发棵期应保持土壤表层见干见湿。适时追施发棵肥，鳞茎膨大期，及早追肥并适时浇水，保持土壤湿润，在收获前 10 天停止浇水，生育期间还应及时防治病虫害，一般亩产 3 000～5 000 千克。

棉花　选用春棉或半春棉品种。4 月下旬在每个沟内播种 1 行春棉，株距 19 厘米，每亩种植 3 500 株，适时播种，力争一播全苗。

蒜头收获后，加强田间管理，使之壮苗早发，前期防止疯长，中期争取三桃，后期保叶防早衰。按照春棉高产栽培技术管理，一般亩产皮棉 80 千克。

甘薯 5 月中旬葱头收获前 10 天在畦面两边插 2 行脱毒甘薯，株距 40 厘米，每亩种植 3 300 株，葱头收获后加强田间管理，及时除草浇水，缓苗后及时追施钾肥，团棵期追施氮肥，根据墒情浇好缓苗水、团棵水、甩蔓水和回秧水。中期坚持提蔓不翻秧，若有徒长趋势，可采用掐尖和化控等措施，后期搞好叶面喷肥。一般亩产 3 000 千克。

（七）葱头/西瓜（小冬瓜）—大白菜

1. 种植模式

一般 230 厘米一带，种 12 行地膜葱头，1 行西瓜（或小冬瓜），轮作大白菜（图 5－7，表 5－7）。

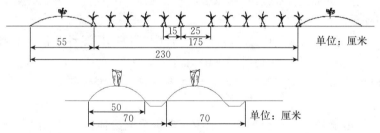

图 5－7 葱头/西瓜（小冬瓜）—大白菜一年三收种植模式

表 5－7 葱头/西瓜（小冬瓜）—大白菜一年三收种植茬口安排

月份	1	2	3	4	5	6	7	8	9	10	11	12
葱头					□				○		×	
西瓜或小冬瓜		○		×		□						
大白菜								○	×		□	

2. 主要栽培技术

（1）葱头

选种育苗　选用紫皮或黄皮优良品种，在 9 月上旬育苗，每亩生产田需要苗床 40～60 米²，种子 250～300 克，足墒遮阴育苗。

定植栽培　在 10 月底至 11 月初整地施肥，采用平畦地膜栽培，畦面宽 165 厘米，畦埂宽 65 厘米，采用 170 厘米幅宽的地膜覆盖畦面，每个畦面定植 12 行葱头，实际行距 15 厘米，平均行距 19.2 厘米；定植株距 11 厘米，亩定植葱头 3.16 万株，定植深度 3 厘米，定植后及时返青浇水。

田间管理　如果早熟品种又定植偏晚，也可在 11～12 月每畦搭一个小拱棚（视频 20）翌年早春及时通风与去棚，可有效保护葱苗安全越冬并保证有较大绿叶体积。发棵期应保持土壤表层见干见湿，并适时追施发棵肥；鳞茎膨大期，及早追肥并适时浇水，保持土壤湿润；在收获前 10 天停止浇水，生育期间还应及时防治病虫害，一般亩产 3 500～5 000 千克。

视频 20
葱头拱棚覆盖
早熟栽培技术
介绍

（2）西瓜　选用中晚熟品种。4 月中下旬选择浸种不催芽直播，株距 45 厘米左右，每亩种植 640 株左右，按三角定苗方法定植，向两侧甩蔓坐瓜，按照西瓜高产栽培技术管理，一般亩产 2 500～2 800 千克。

西瓜播种　春季套种种植地膜西瓜可采取浸种不催芽，浸种前先将种子晾晒 2～3 天，并进行选种。然后用两开一凉温水浸种，水凉后继续泡 8 个小时，使种子充分吸水，浸种后将种子搓洗干净待播。为了一播全苗，在播种前每穴浇一碗水，稍后把种子平放在穴内，每穴 2 粒，然后覆盖 2 厘米细土，播后随即盖好地膜。播种后要经常检查田间地膜，应及时修补好破口并压好。播种后 5～7 天，幼苗破土而出，要及时放苗、松土、除草。

肥水管理　要使西瓜高产，就必须肥水充足且适当，必须根据西瓜需肥需水规律进行管理。一般苗期地上部生长缓慢，蒸腾量小，底墒充足不需要浇水。当幼苗进入爬蔓期可追施发酵好的饼肥 25～30

千克，施后浇水。当大部分植株幼瓜已坐稳，追一次肥，一般每亩追施尿素 15～20 千克，并浇一次水，促进西瓜膨大。坐瓜后 20 天可视天气浇 1～2 次水。浇水一般在上午 10 时以前或下午 4 时以后，切不可在热天中午浇水。每次浇水都不要埋没茎基部，减少发病。坐瓜20 天后进入瓜瓤成熟期，不要再浇水。

整枝压蔓　西瓜栽培需要及时整枝压蔓，整枝是为了使秧蔓分布均匀不互相挤压遮盖，充分利用阳光进行光合作用。压蔓可固定地上部分，不被风吹断枝蔓，可多发不定根，扩大吸收面积，同时还可控制营养生长，促进结瓜。常用的整枝方法有单蔓整枝、双蔓整枝和三蔓整枝。单蔓整枝，只留主蔓结瓜，其余侧蔓全部去掉。双蔓整枝，除主蔓外，再选留 2～5 叶腋间发生的一条健壮侧蔓，其余侧蔓全部去掉。三蔓整枝，除主蔓外，再留两条健壮侧蔓。压蔓整枝往往同步进行。压蔓有明压和暗压之分。明压适于黏土地和地下水位较高的下湿地。方法是，当秧蔓长有 38 厘米时，将秧蔓摆布均匀，用土块压在两叶之间即可，每隔 35 厘米左右压一次。暗压适合于壤土或沙壤土，方法是，在压蔓部位用瓜铲将土捣碎，顺秧将铲插入土中，左右摇摆，撬开一条缝，将瓜秧压入，压牢。压蔓一般进行三次。在压第二次时，注意不要压坏瓜胎。

瓜期管理　为了坐好瓜长大瓜，还要注意留主蔓上的第二雌花，并要保护瓜胎和辅助授粉。一般每天上午的 6～9 时为西瓜开花授粉的良机，将已开放的雄花摘下去瓣，用花药在雌花的柱头上轻轻涂抹即可。一般一朵雄花可授 2～4 朵雌花。幼瓜形成时就要将地拍平，把瓜垫好。当瓜基本定型时要及时翻瓜，以免形成白脸瓜。双手轻托瓜柄端，向一定方向转动，每次转动瓜的 1/3，切不可进行 180 度的大转动，以防将瓜转掉。

适时收获　西瓜的商品价值与果实的成熟度、甜度关系极大。生产中要学会正确的判断西瓜的成熟度，才能做到适时采收。一般有以下几种方法：一是田间目测法，凡成熟的西瓜，果皮光滑具有光泽，果面花纹清晰，具有本品种的特点，果柄上的刚毛稀疏不显，果蒂处凹陷，果肩稍有隆起，坐瓜节位后的 1～2 个瓜须干枯。二是耳听判断法，用手拍指弹瓜面，听其声音，发出沉闷音者为熟瓜，发脆音者为生瓜。三是计日法，各个品种从雌花开放到果实成熟所需要的天数不同，早熟品种28天左右，中熟品种35天左右，晚熟品种在40天以上。这种方法准确可靠，计日与人工授粉相结合。

(3) 小冬瓜 小冬瓜是夏秋主要蔬菜之一，它适应性强，产量高、耐贮运，生产成本低，生产效益好。一般在2月温室或大棚育苗，4月定植到葱头畦埂上，株距40～45厘米，亩定植640～720株，按照小冬瓜高产栽培技术管理，一般亩产4000～5000千克。

小冬瓜定植 小冬瓜耐热，喜高温，因此必须把它的生育期安排在高温季节，入秋前后收获，定植和播种时间以地温稳定在15℃以上为宜。定植苗龄一般40～50天，具有3叶1心时定植为宜。由于小冬瓜种子发芽慢，且发芽势低，可采用高温烫种（75～100℃），然后浸泡一昼夜。最适宜的催芽温度为25～30℃，3～4天可萌发。

水分管理 为促使根系尽快生长，定植后应立即浇1～2次水，紧接着进行中耕松土，提温保墒。缓苗后轻浇一次缓苗水，继续深耕细耙，适度控水蹲苗，促使根系长深长旺，使苗子壮而不徒长。待叶色变深，茸毛及叶片变硬时即可结束蹲苗。一般情况下，蹲苗2～3周。蹲苗结束后及时浇催秧水，促使茎蔓伸长和叶面积扩展，但浇水量仍不可过多，否则易造成植株疯长，营养体细弱，这一水之后，直到坐瓜和定瓜前不再浇水，以免生长过旺而化瓜，促使生长中心向生殖生长转移。待坐瓜后，果实达0.5～1千克时，浇催瓜水，之后进入果实迅速膨大期，需水量增加，浇水次数和水量以使地表经常保持微湿的状态为准，不可湿度过大，同时雨后注意排水，以免烂果和发病。收获前一周要停止浇水，以利贮藏。

施肥管理 小冬瓜结果数少，收获期集中，因此追肥也宜适当集中，一般追肥2～3次。第一次结合浇催秧水施用，以有机肥为主，可在畦一侧开沟追施腐熟的优质圈肥，每亩2000千克，混入过磷酸钙30千克，硫酸铵10千克。定瓜和坐瓜后追施催果肥1～2次，以速效肥为主，可亩施尿素15～20千克，并进行叶面喷磷、喷营养剂2～3次，促使果实肥大充实。

整枝、打蔓、打顶 小冬瓜的生长势强，主蔓每节都能发生侧蔓，但小冬瓜以主蔓结瓜为主，为培育健壮主蔓，必须进行整枝，压蔓等。小冬瓜一般采取单蔓整枝，大冬瓜可适当留侧蔓，以增加叶面积。当植株抽蔓后，可将瓜蔓自右向左旋转半圈至一圈，然后用土压一道，埋住 1～2 节茎蔓，不要损伤叶片。通过盘条，压蔓可促进瓜蔓节间生长不定根，以扩大吸收面积，并可防止大风吹断瓜蔓，另外，还可调整植株长势，长势旺的盘圈大些，反之小些或不盘。尽量使瓜蔓在田间分布均匀，龙头一致，便于管理。每株冬瓜秧，应间隔4～5 片叶子压蔓一次，共压 3～4 次，最后使茎蔓延伸到爬蔓畦南侧，以充分利用阳光，增加营养面积，压蔓的同时要结合摘除侧蔓，卷须及多余的雌雄花，以减少营养消耗。大冬瓜坐瓜后，在瓜前留下7～10 片叶打顶，小冬瓜在最后一瓜前留 5～6 片叶打顶。

适时收获　冬瓜由开花到成熟约需要 35～45 天，小冬瓜采收标准不严格，嫩瓜达食用成熟期可随时上市。冬瓜生理成熟的特征是：果皮上茸毛消失，果皮变硬而厚，粉皮类型果实布满白粉，颜色由青绿色变成黄绿色，青皮类型皮色暗绿。采收时要留果柄，并防止碰撞和挤压，以利贮藏。

（4）大白菜　秋冬季大白菜栽培是大白菜栽培的主要茬次，于初冬收获，贮藏供冬春食用，素有"一季栽培，半年供应"的说法。秋冬季大白菜栽培应针对不同的天气状况，按照秋大白菜栽培技术管理，全面提高管理水平，控制或减轻病害发生，实现连年稳产、高产。一般亩产 4 000～5 000 千克。

定植　选用高产抗病耐贮藏的秋冬品种。采用育苗移栽，于 8 月上中旬播种育苗，9 月上旬玉米收获后整地起垄移栽定植。行距 70厘米，株距 45 厘米，亩栽 2 100 株左右。

加强中耕　起垄定植的大白菜应加强中耕，分别在返苗后、活苗后和莲座中期进行。中耕按照"头锄浅、二锄深、三锄不伤根"的原则进行。高垄栽培的还要遵循"深耪沟、浅耪背"的原则，结合中耕进行除草培土。培土就是将锄松的沟土培于垄侧和垄面，以利于保护根系，并使沟路畅通，便于排灌。

注重施肥　大白菜定植成活后，就可开始追肥。每隔 3～4 天追1 次 15％的腐熟人粪尿，每亩用量 500 千克。看天气和土壤干湿情况，将人粪尿兑水施用，大白菜进入莲座期应增加追肥浓度，通常每隔5～7天，追一次30%的腐熟人粪尿，每亩用量1 000千克。重施追肥并增施钾肥是增产的必要措施。开始包心后，每亩可施50%的腐熟人粪2 000千克，并开沟追施草木灰100千克，或硫酸钾10～15千克，这次施肥叫"灌心肥"。植株封行后，一般不再追肥。如果基肥不足，可在行间酌情施尿素。为了便于追肥，前期要松土，除草2～3次。特别是久雨转晴之后，应及时中耕炕地，促进根系生长。

科学灌水 大白菜播种后采取"三水齐苗，五水定棵，小水勤浇"的方法，以降低地温，促进根系发育。大白菜苗期应轻浇勤泼保湿润；莲座期间断性浇灌，见干见湿，适当炼苗；结球时对水分要求较高，土壤干燥时可采用沟灌。灌水时应在傍晚或夜间地温降低后进行。要缓慢灌入，切忌满畦。水渗入土壤后，应及时排出余水，做到沟内不积水，畦面不见水，根系不缺水。一般来说，从莲座期结束后至结球中期，保持土壤湿润是争取大白菜丰产的关键之一。

采收 大白菜的包心结球是它生长发育的必然规律，不需要束叶。但晚熟品种如遇严寒，为了促进结球良好，延迟采收、供应，小雪后把外叶扶起来，用稻草绑好，并在上面盖上一层稻草式农用薄膜，能保护心叶免受冻害，还具有软化作用。秋大白菜生长时间长，可分别在幼苗期和结球期叶面喷洒0.01%芸薹素481，可以显著增产。

（八）大棚早春黄瓜（番茄）—秋延韭菜

1. 早春黄瓜 黄瓜选用早熟耐低温弱光、对病害多抗的品种，如津杂3号、津春2号、津春3号、津春4号等。1月中下旬育苗，3月上旬定植，4月上中旬上市。定植前20天扣棚烤地增地温。

（1）黄瓜定植 黄瓜栽培一般采用宽窄行高垄定植，在畦间挑沟起垄，宽行距80厘米，窄行距50厘米，平均行距65厘米，株距25～30厘米，每亩保苗3 500～4 000株。定植前要深翻整地，亩施农家肥5 000～10 000千克。在作畦前，再混施磷肥或多元复合肥20～25千克。定植时要求苗子茎粗、节短、色深绿、根系发达，4～5片叶，苗龄50天左右。定植最好在冷尾暖头天气的中午前后，定植时先铺地膜，按 25～30 厘米的株距开穴，放苗，浇水，覆土后地膜口要用土封严，以防漏气降温伤苗，保持棚内地面平整，上干下湿，利于降低棚内空气湿度。

（2）大棚栽培管理 定植后大棚闭棚 7 天左右保温，促苗成活。白天温度控制 28～32 ℃，夜间 18～20 ℃为宜。晴天因气温回升则应揭开棚膜通风换气，阴雨天闭棚保温，至 4 月下旬，气温稳定在 15 ℃以上，即可撤膜，加强通风，促苗旺长。缓苗后为加速生长可在地膜下浇 1 次井温水，也称缓苗水。根瓜采收前追肥浇水，亩追施尿素 20 千克，钾肥 15 千克。早春茬大棚黄瓜栽培在管理上采用"大水大肥高温促"的办法促瓜早上市。白天温度控制在 28～32 ℃，夜间温度 15～18 ℃，高温管理也能减轻病害的发生。7～10 天追肥浇水 1 次，每次亩追施尿素 20 千克、钾肥 20 千克、磷肥 10 千克。同时要从结瓜开始进行叶面喷肥，喷施 0.3％尿素＋0.2％磷酸二氢钾溶液，5～7 天喷 1 次。初瓜期通风降湿早打药、防病促瓜控徒长，盛瓜期光、温、湿要协调，肥水齐攻多收瓜。棚内昆虫较少，要进行人工授粉。黄瓜开花当天，采下雄花花朵，雄蕊对准雌花柱头涂抹几次，可达到授粉的目的。也可用保果素或 920 喷花保果，提高前期坐果率。整枝吊蔓，可纵向拉几道（与黄瓜行数相同）铁丝，然后用尼龙绳，下边拴在黄瓜茎基部，上端活扣在铁丝上，瓜蔓绕绳往上攀援，也可人工绕绳辅助攀援。秧顶要与棚膜保持 40～60 厘米距离，过长秧要落蔓。一般亩产量 1 万千克。

2. 早春番茄 番茄应选择耐低温、耐弱光、抗病性强的早熟高产品种，如金棚 1 号、百丽等。

（1）育苗 在 12 月中旬温室育苗，3 月上旬定植，4 月中下旬上市。采用宽窄行起垄地膜覆盖的方法，宽行 80 厘米，窄行 50～60 厘米，株距 30～40 厘米，亩留苗 2 500～3 000 株左右。壮苗标准为株高 22～25 厘米，茎粗 0.6 厘米以上，7～8 片展开叶，叶片肥厚，深绿色，第一花序现花蕾，秧苗根系发育良好，无病虫害。

（2）定植 定植前整地与施肥，彻底清除前茬作物的枯枝烂叶，进行深翻整地，改善土壤理化性，保水保肥，减少病虫害。定植前要施足底肥，一般亩施 5 000 千克有机肥，有机肥应充分腐熟。定植时于穴内浇水，待水渗下后，把苗坨放入穴内，埋土封穴。此法要求地温高，土壤不板结，幼苗长势强。卧栽法用于徒长的番茄苗或过大苗定植，栽时顺行开沟，然后将幼苗根部及徒长的根茎贴于沟底卧栽。此法栽后幼苗高低一致，茎部长出不定根，增大番茄吸收面积。

（3）棚温管理　早春大棚番茄定植后一段时间内，由于外界低温，应以保温增温为主，夜间棚内可采用多层覆盖。缓苗后，棚内气温白天保持在 25～30 ℃，夜间保持 15～20 ℃。随着气温回升，晴天阳光充足时，室温超过 25 ℃要放风，午后温度降至 20 ℃闭风，防止夜温过高，造成徒长。番茄开花期对温度反应比较敏感，特别是开花前 5 天至开花后 3 天，低于 15 ℃和高于 30 ℃都不利于开花、授粉、受精。结果期，白天适温 25～28 ℃，夜间适温 15～17 ℃，昼夜温差在 10 ℃为宜，空气湿度 45%～60%，土壤湿度 85%～95%。特别是果实接近成熟时，棚温可稍提高 2～3 ℃，加快果实红熟。但挂红线后不宜高温，否则会影响番茄红素的形成，不利色而影响品质。为保持适宜温度，当夜间最低温度不低于 15 ℃时，可昼夜通风换气。定植水不宜浇大水，以防温度低、湿度大、缓苗慢、易发病。

（4）水分管理　在定植后 5～7 天视苗情，选晴朗天气的上午浇暗水（水在地膜下走）或在定植行间开小沟或开穴浇水。第一花序坐果前，土壤水分过多，易引起徒长，造成落花，因此，定植缓苗后，要控制浇水。第一穗果长至核桃大小时浇一次足水，以供果实膨大。盛果期番茄需水量大，因气温、棚温高，植株蒸腾量大，应增加浇水次数和灌水量，可 4～5 天浇一次水；浇水要匀，切勿忽干忽湿，以防裂果。

（5）施肥管理　一般追两次催秧促果肥。第一穗果实膨大（如核桃大）、第二穗果实坐住时追施，每亩用尿素 20 千克＋50 千克豆饼混合，离根部 10 厘米处开小沟埋施后浇水，或每亩随水冲施人粪尿250～500 千克。第二穗果实长至核桃大时进行第二次追肥，每亩混施尿素 20 千克＋硫酸钾 10 千克。还可结合病虫害防治喷洒 0.5%的磷酸二氢钾根外施肥，对促进坐果和早熟有明显的作用。

（6）整枝疏果　棚室内一般搭成直立架，便于通风透光，一般每穗果下绑蔓一次。在番茄生长中必须及时打杈、搭架、捆蔓，疏花果、打老叶，否则植株生长过旺，田间通风透光条件差，湿度大，容易导致大田生长期晚疫病的发生和蔓延。根据预定要保留的果穗数目进行。当植株达到 3～4 或 5～8 穗果时掐尖，在最后一穗果的上部要保留 2 个叶片。留 3～4 穗果多用单干整枝，只保留主干，摘除全部侧枝；5～8 穗果可采取双干整枝，除主枝外，还保留第一花序下的侧枝。整枝打杈宜在下午进行。在前 3 穗花开时，需涂抹 2,4 - D 或用番茄灵等蘸花处理，可在药液中加入红墨水做标记。当每穗留 3～4 个果，对畸形果和坐果过多的要及时采取疏果措施。根据需要，当植株第 3～4、5～6 或 7～8 穗花序甩出，上边又长出 2 片真叶时，把生长点掐去，可加速果实生长、提早成熟。到生产中后期，下部叶片老化，失去光合作用，影响通风透光，可将病叶、老叶打去，并深埋或烧掉。

（7）适时采收 在果实成熟期，根据市场、不同的品种和商品需求适时采收，采摘下部果面转红至全部转红的果实，及时出售。采收过程中所用工具要清洁、卫生、无污染。6 月初拉秧，亩产量 8 500 千克左右。

3. 韭菜 选用高产、优质、抗逆性强的韭宝等品种。4 月上旬育苗，7 月下旬定植，10 月上旬上市。育苗移栽养根株比直播长势好、均匀、产量高。

（1）韭菜播种 早春化冻后及早播种，播前亩施优质农家肥 5 000～8 000 千克，平畦撒播；播后覆土并覆盖地膜保墒增温，促进早出苗，苗出齐后及时撤膜。只有韭菜鳞茎贮有大量的营养，在延迟栽培中才会有较高的产量。

（2）移栽 幼苗 3～4 片叶移至大棚。一般在 6～7 月前茬果菜腾茬后，整地施足有机肥，按行距 30～35 厘米开沟，沟底宽 10 厘米撮栽，撮距 3～4 厘米，每撮 15 株左右。移栽后浇水促缓苗，以保土壤湿润，见干后及时浇水。

（3）肥水管理 8 月中旬至 10 月中旬是韭菜生长适期，也是肥水管理的关键时刻，此时期应追肥两次。8 月上旬在韭菜将要旺盛生长时进行第一次追肥，亩施腐熟的饼肥或人粪尿 200～500 千克，在行间开沟施入追肥后浇一次大水，以后每隔 5～6 天浇一水，每隔两水追一次肥，亩施复合肥 15 千克，随天气转凉要减少浇水次数，保持土表面见干见湿，当气温降至 5～10 ℃停止浇水追肥。

（4）收割 为使鳞茎养分充足，秋季一般不收割。在塑料薄膜覆盖前 15 天，在露地收割韭菜一次，待新韭叶长出 3 厘米时追复合肥，亩施量 15～20 千克，并及时浇水，并覆盖塑料薄膜，如果市场不紧缺，也可在盖塑料薄膜后立即收割第一茬。收割和覆盖不可过晚，以免因外界低温使韭菜休眠，达不到延迟栽培的目的。覆盖初期外温较高，必须加强放风，防止徒长，可把四周的塑料薄膜大部分掀开，促使空气对流，保持白天不超过 25 ℃，夜间不低于 10 ℃，后期随外界气温下降，逐渐缩小通风口，减少通风时间。根据土壤情况及时浇水，保持土壤见干见湿，每收割一茬后，待新叶长出 3～4 厘米时追一次化肥，亩施复合肥 15～20 千克。在覆盖后 20～30 天即可收割第二茬，约 11 月上中旬。第一茬是秋季生长的成株，第二茬在大棚中适宜的条件下长成，故前两茬产量较高，亩产 2 000～2 500 千克。第三茬韭菜长期处在光照弱、日光短、温度低的条件下，产量较低。每次收割都应适应浅下刀，最好在鳞茎上 5 厘米处收割，最后一次收割，可尽量深割，因为割完就刨除韭根。

附录：

大葱、葱头、韭菜种子的区别

葱蒜类蔬菜除大蒜是以鳞茎繁殖外，其他三种多以种子繁殖。这三种蔬菜种子都具有不易透水的种皮，吸水膨胀缓慢，播种时要进行种子处理。此类种子寿命也较短，一般都采用一年的新种子种植。种子表皮都是黑色，凸出的一面叫做背面，比较扁平的一面，叫做腹面。形状初看起来相似，不易区别，仔细观察，才能区别开来，它们之间的差异如下：

大葱、葱头、韭菜的种子比较

项目 \ 种类	大葱	葱头	韭菜
种子形状	盾状，有棱角，稍扁平	盾状，簇角	盾状，扁平
表皮皱纹	皱纹少而整齐	皱纹稍多而不规则	皱纹多而细密
脐部凹洼	浅	很深	无
千粒重（克）	2.90	4.60	4.15
每克粒数（粒）	315	210	227